作者简介

鲁　芳 长沙理工大学马克思主义学院教授，硕士生导师。长期从事中国传统伦理思想史以及当代中国伦理问题的研究。主要教授课程：中国传统伦理思想史。主持国家社会科学基金青年项目、一般项目各1项，主持完成省级课题4项。在《哲学动态》《伦理学研究》等刊物发表论文40余篇。出版专著3部：《道德的心灵之根——儒家“诚”论研究》《培育道德精神：大学德育之思》《五大发展理念的马克思主义哲学阐释》。

长沙理工大学学术著作出版资助

长沙理工大学马克思主义学院学术著作出版资助

生活秩序与道德生活的构建

鲁　芳◎著

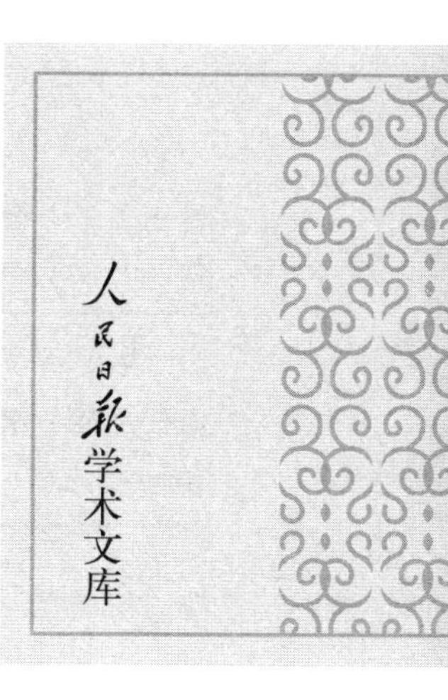

人民日报出版社

图书在版编目（CIP）数据

生活秩序与道德生活的构建 / 鲁芳著. —北京：
人民日报出版社，2018.2
ISBN 978－7－5115－5224－2

Ⅰ.①生… Ⅱ.①鲁… Ⅲ.①道德社会学—研究—中国
Ⅳ.①B82－052

中国版本图书馆 CIP 数据核字（2018）第 028467 号

书　　名：生活秩序与道德生活的构建
著　　者：鲁　芳

出 版 人：董　伟
责任编辑：蒋菊平　钱慧春
装帧设计：中联学林

出版发行：人民日报出版社
社　　址：北京金台西路 2 号
邮政编码：100733
发行热线：（010）65369509　65369846　65363528　65369512
邮购热线：（010）65369530　65363527
编辑热线：（010）65363486
网　　址：www.peopledailypress.com
经　　销：新华书店
印　　刷：三河市华东印刷有限公司

开　　本：710mm×1000mm　1/16
字　　数：176 千字
印　　张：12.5
印　　次：2018 年 3 月第 1 版　　2018 年 3 月第 1 次印刷

书　　号：ISBN 978－7－5115－5224－2
定　　价：68.00 元

目　录
CONTENTS

导　言

生活哲学视阈下的伦理学研究

如果说“马克思之前的一切哲学”都是“力图以观念的方式统摄包括自然、社会、历史和思维在内的整个世界”，从而对世界做出解释，那么，马克思主义哲学则深深地扎根于现实生活之中，从现实的、有生命的个人出发，解释世界并且改造世界。① 可以说，马克思主义哲学实现了近现代西方哲学向生活哲学的转变。而在整个20世纪，西方近代以来建立在主客二分哲学基础之上的科学观念十分盛行，这种科学丧失了生活的意义，只见事实，不见价值，人类的生活处于普遍的“异化”状态之中。人类的现实生活问题的凸显带动了哲学的转向，回归生活世界成为20世纪哲学的一个重要主题。伴随着哲学研究视角的转变，哲学的研究主题及其问题意识也发生了巨大改变。从事伦理学（道德哲学）研究，必须认识这种转变并应对这种转变。

一、生活哲学及其视角

“人们难道只能投生于其日常的、暂时的、个别的或普遍的职业的目标和兴趣中去，而不对我们都意识到作为我们大家的世界的生活世界进行专题研究吗？人们难道不能改变原有的心态，对生活世界按其本来面貌加以考察，认识它自己的活动性、相对性，使其成为一种普遍的科学的课题（这当然不是像历史哲学和各种个别的科学所做的那样）吗？”② 胡塞尔这一问题的提出，明确表明了他要将“生活世界”作为研究对象的主张。这样一种立足于人的现实生活世界，

---

① 杨楹，等：《马克思生活哲学引论》，北京：人民出版社，2008年版，代前言。

② 倪梁康选编：《胡塞尔选集》（下），上海：三联书店，1997年版，第1088—1089页。

以现实生活世界为研究对象的哲学，就是生活哲学。其中包含两个基本问题：如何理解生活世界和如何研究生活世界。前者是研究对象的确定问题，后者则是研究的方法问题。两者之中，对生活世界的理解是更为根本的方面。对生活世界的理解不同，其生活哲学的主旨和内涵也就不尽相同，对生活世界的研究方法也必然存在差异。总体来看，生活哲学具有以下特征。

（1）在研究对象方面，生活哲学以现实的生活世界作为研究的对象。

哲学向生活世界的回归，既是哲学自身发展的逻辑使然，也是社会发展对哲学提出的要求。具体而言，主要有以下原因：一是对传统知识论哲学忽视现实生活的纠偏，二是对由科学技术的发展所引发的一系列生活问题的回应，三是对现代社会发展中所生发出来的社会问题的反思。可以说，生活哲学既是哲学理论自身发展的必经阶段，也是时代精神的产物。

首先，由于众多学科从哲学中分离出来，传统的以探求世界普遍规律和本质的知识论哲学的生存空间日益缩小。生活哲学以被传统知识论哲学遗忘了的生活世界作为研究对象和研究领域，是对哲学理论体系的新的开拓。

起初，哲学是一门包罗万象的学科，哲学以探求世界的普遍规律及其本质作为自己的根本任务，因而呈现出知识论的特征。传统的知识论哲学有两大倾向：一为普遍主义（绝对主义）倾向，一为科学主义倾向。所谓普遍主义倾向，是指传统哲学总是试图把整个世界还原为某种本质的存在，进而构建整个世界的统一性。胡塞尔曾经指出："在哲学最初的奠基中，古代哲学就把追求关于一切存有者的普遍知识这一热情奔放的思想当作自己的任务。"① 例如，始自柏拉图终结于黑格尔的理性主义一脉致力于构建理性主义王国，以精神、理念等构建世界的统一性；而从普罗泰戈拉到费尔巴哈的感性主义一脉，则致力于构建感性主义王国，将人的思想、行为等还原为感觉、情感、欲望等感性因素，并以之为基础来解释整个世界。所谓科学主义倾向，主要是指近代以来随着自然科学以及数学的复兴而形成的一种新的普遍主义的哲学观念。在这种哲学观念中，"数学（作为几何学和作为关于数和量值的形式化的抽象理论）被委以普遍

---

① 胡塞尔：《欧洲科学的危机与先验现象学》，见倪梁康选编：《胡塞尔选集》（下），上海：上海三联书店，1997 年版，第 990 页。

性的任务"①，世界被还原为抽象的数，世界的规律通过理性的产物——数学公式加以表达，这种自然科学的理念表现于哲学领域，就是试图实现哲学形式逻辑化，以体现哲学的"科学之科学"的本质。

传统哲学中的这种"还原性思维"由于执着于"从先在本质演绎一切"，因而忽视了现实的生活世界，忽视了"对现实生活世界中鲜活的丰富内容的反思"②。与传统的知识论哲学不同，生活哲学并不沉溺于对世界的本质还原，进而寻找世界的统一性，而是把被传统知识论哲学所遗忘了的生活世界凸显出来，以此作为自身的研究对象。首先，生活哲学认为，"哲学研究的内容应当回归生活"，"以现实生活世界或人的生成为基础、出发点和最终归宿"③。现实的世界是人生活于其中的世界，并且是被人的生活所创造和改变的世界，因此，哲学必须立足于人们的现实生活，关注人们的生活状况，以生活世界作为问题的来源，反思生活，解决生活世界中的难题，为人的生活提供意义和价值的指导。哲学只有立足于生活世界，服务于人的生活，才能具有真正的生命力。其次，生活哲学认为，哲学的任务并不是探求"知识性的绝对真理"，而是思考人的生活方式，思考生活的意义和价值。生活世界与单纯的物质世界不同，生活的主体是具有能动性、主体性和感性的人，他们身处不同的文化环境，感受不同的文化传统，对周围世界及其意义和价值有着不同的理解和认识，因而他们的生活呈现出多样性和不确定性，其生活的秩序也必然存在差异。显然，将人的活动归结为某种必然性的产物，将生活的秩序视为由某一规律所规定的，是被预先设定的，进而探求生活世界的先在的普遍规律及其公式，都是不正确的，也不应该成为哲学的根本任务。随着自然科学从哲学中分离出来并获得高度发展，哲学早已不是包罗万象的学科，它的任务主要演变为对生活的意义、价值以及人应有的生活方式等问题的解答。从这个角度来看，如果说传统知识论哲学是对世界的抽象的、绝对化的研究，那么，生活哲学则是对世界的具体的、相对的研究。

---

① 胡塞尔:《欧洲科学的危机与先验现象学》，见倪梁康选编:《胡塞尔选集》（下），上海：上海三联书店，1997 年版，第 996 页。

② 贺来:《现实生活世界之遗忘》，《求是学刊》1997 年第 5 期。

③ 李文阁:《生活哲学：一种哲学观》，《现代哲学》2002 年第 3 期。

其次，近代以来，科学技术的飞速发展正在使人类的生活面临危机，生活的秩序、生活的意义何在，已经成为哲学所不可回避的重要问题。

科学技术的高度发展虽然带来了物质财富的极大丰富，但是人类却并没有因此而感到更加幸福。一方面，科学技术在生活中的广泛应用不仅造成了人与自然关系的空前紧张，而且推动了“风险社会”的产生。人类从来没有像今天这样感到自身生存、健康面临着巨大威胁。在主客二分思维模式之下，科学技术飞速发展，人类从宏观（宇宙）到微观（基因）各领域都获得了巨大的成就，人类破解了从宇宙到生命的众多密码，似乎在宇宙面前更加自由。人类可以基因重组改变动植物性状，可以遨游太空……然而正如恩格斯所言：“我们不要过分陶醉于我们人类对自然界的胜利。对于每一次这样的胜利，自然界都对我们进行报复。”① 科学技术在生产领域的应用带来了废水、废气，导致河水、土壤、空气被污染，各种现代疾病频发；人类对生物基因的改变以及对宇宙太空的利用，给人类生存带来了潜在的重大威胁。在一定意义上，科学技术已经成为一种“异己”的力量。另一方面，当人们沉迷于对外在世界的知识性把握，并运用这种知识获取人类对于外在世界更大的自由时，意义世界却被人们遗忘，借助于宗教以及对自然的敬畏所建立起来的精神信仰的大厦在人类知识的铁锤的敲击之下日渐坍塌。人们只见事实，不见价值；只知探求真，却不知追寻善、渴求美。精神家园的丧失使人类的精神生活陷入空虚。生活的目的何在、意义何在，人应当如何生活，什么样的生活才是真正幸福的有意义的生活，才是真正属于人的生活，这是现代人时常萦绕在脑海之中却不得其解的难题。

再次，经济和社会的发展带来了诸多社会问题，导致各种社会矛盾滋生，生活秩序不尽如人意。变革现有生活秩序，使之符合真、善、美的要求，是现代人迫切希冀解决的问题。

20 世纪，许多国家在经历了一段时期的经济萧条之后，经济、社会的发展进入了快车道。随之而来的是一系列社会问题以及社会矛盾的产生。在市场作为资源配置和收入分配的基本杠杆的条件下，资源和收入明显向地理优越、文

---

① 恩格斯：《自然辩证法》，《马克思恩格斯选集》第 4 卷，北京：人民出版社，1995 年版，第 383 页。

化优越的区域和人群倾斜，贫富差距日渐拉大，人际矛盾日渐增加。同时，市场经济也对人们的生活世界产生了巨大影响——市场经济孕育出新的权威体系。市场经济以前，生活世界的权威体系由君主或者神灵构成，与之对应的是君主崇拜（个人崇拜）、神灵崇拜。市场经济以后，原有的权威体系被摧毁，等级尊卑的生活秩序被打破，与此同时，“从生活世界中分化出来的系统借助于货币和权力这两个媒介，渗透生活世界的核心领域，使之金钱化和官僚化”①，货币与权力成为现代社会生活世界中的两大权威，与之相对应的则是货币崇拜和权力崇拜。于是，古代社会基于身份和地位的等级观念被现代社会基于货币与权力的等级观念所取代。新的生活秩序未能令人满意，平等、公平、正义在现代社会仍然面临挑战。这些都从显性或隐性的方面使生活的秩序陷于混乱，对现有生活秩序的不满促使人们积极地探索重建生活秩序之路。

现代社会中，由于人的现实生活面临多方面的危机，生活世界得以凸显，对生活世界的研究于是成为哲学的一个重要主题。

（2）在研究方法方面，生活哲学致力于对生活世界中的现实问题做具体的分析。

传统的知识论哲学由于试图还原世界，探求世界的普遍本质，因此在研究方法上必须以哲学思辨的形式对现实世界进行抽象，并在此基础上构筑其哲学体系。应当说，传统哲学的这一研究方法在黑格尔的哲学中达到了登峰造极的程度。生活哲学不然，它不再满足于抽象的哲学思辨。由于生活哲学并不试图去探求“宇宙之砖”，而是以生活世界作为研究对象，因此在研究方法上，生活哲学的思辨表现为对现实生活世界的具体分析，具有强烈的现实感和生活感，对现实生活也具有实际的指导意义。

马克思主义哲学实现了向生活世界的回归，它对生活世界的研究坚持的是辩证唯物主义和历史唯物主义的方法。马克思主义哲学认为生活世界不是外在于人、与人截然无关的自在的客观世界，也不是纯粹主观的理念世界，而是人生活于其中的，由人的实践活动所创造和表现出来的现实世界。哲学的任务不在于“解释世界”，而在于“改造世界”，实现人类现实生活世界的不断发展和

---

① 万勇华：《哈贝马斯“生活世界”理论述评》，《兰州学刊》2006 年第 3 期。

完善，同时也实现人的自由而全面的发展。因此，马克思主义哲学始终立足于现实的人来对人类社会进行研究。马克思和恩格斯指出："一切人类生存的第一个前提，也就是一切历史的第一个前提，这个前提是：人们为了能够'创造历史'，必须能够生活。但是为了生活，首先就需要吃喝住穿以及其他一些东西。因此第一个历史活动就是生产满足这些需要的资料，即生产物质生活本身，而且这是这样的历史活动，一切历史的一种基本条件，人们单是为了能够生活就必须每日每时去完成它，现在和几千年前都是这样。"① 可见，现实的、生活着的人创造了人类历史，并且推动人类社会向前发展。马克思主义产生之后，海德格尔、哈贝马斯等人也都构建了自己的生活哲学，哈贝马斯的交往理论、海德格尔对人的生存状态的思考（"诗意的栖居"），都是直面现实生活世界而做出的。

此外，生活哲学并不排斥逻辑研究，但是生活哲学所运用的逻辑研究不是传统知识论哲学中纯粹的概念、判断之间的逻辑演绎和逻辑分析，而是努力探究历史的逻辑、生活的逻辑，并沿着历史的和生活的逻辑开展理论研究。

（3）在语言运用方面，思维方式的改变需要哲学语言的相应改变。

生活哲学不仅是研究对象、研究主题的转向，而且是研究思维的转向，这使其进行哲学思考的语言也发生了些许变化。"在传统哲学中特别在德国古典哲学和现代科学主义哲学中，哲学语言由于同日常语言的不断分离而日趋专业化，……进入了一个以抽象概念展开着的哲学世界，实质是科学知识世界在哲学上的表达。"② 这种语言不仅晦涩难懂，而且与人们的日常生活相脱离，很难进入并武装大众的头脑。

生活哲学认为，哲学是生活世界的哲学，现实的生活世界是它的主要研究对象。哲学思考虽然不同于一般的日常思考而不可避免地要进行思维的抽象，从而必然有别于日常生活语言，但是由于哲学思考本身也是生活的重要内容之一，因此它所使用的语言绝对不能够完全脱离生活世界，而是应当贴近现实生

---

① 马克思，恩格斯：《德意志意识形态》，见《马克思恩格斯选集》第1卷，北京：人民出版社，1995年版，第78－79页。

② 刘少杰：《走向生活世界——后现代主义哲学的总体趋向》，《天津社会科学》1996年第2期。

活，用富有生活意蕴的语言思考现实生活问题。换言之，生活哲学的语言应该是现实生活世界在哲学上的表达。立足现实生活世界、研究现实生活世界的马克思主义哲学在语言的使用上就摒弃了晦涩难懂的抽象概念的演绎，大量地使用了诸如物质、意识、运动、静止、本质、现象、内容、形式、生产力、生产关系、经济基础、上层建筑等从现实生活中提升出来的概念和范畴，以此来揭示自然界和人类社会的一般规律。并且，马克思和恩格斯在进行观点的阐述时，运用了大量的平实而富含真理性的语言，甚至还有大量的观点是在与他人的通信之中得到阐述和补充的。正是这种源于生活又高于生活的语言，在推动致力于改变无产阶级命运、实现人的自由而全面发展的马克思主义哲学迅速占领人们的头脑，在人们打破旧世界、创造新世界的行动指南的过程中发挥了重要作用。

哲学本是生活的一部分，它的根就在生活之中。哲学要保持长久的生命力，在研究对象、研究方法、语言运用上必须坚持与现实生活紧密联系。根扎得越深，哲学之树就越茁壮。

二、伦理学研究需要视角的转化

在哲学向生活世界回归的背景之下，伦理学作为一门哲学学科，在20世纪也出现了向生活世界回归的趋势，而这除了前述的科学技术以及社会发展所引发的生活问题得以凸显这一原因之外，20世纪伦理学理论自身的发展以及伦理学的特殊使命也促成了这一转向的实现。

1. 20世纪元伦理学在克服自身矛盾和寻找出路的发展过程折射出伦理学回归生活世界的必要。

受近代以来的科学主义的影响，伦理学在20世纪也走上了科学主义的道路，形成了以元伦理学为代表的科学主义伦理学。元伦理学的产生及发展“使伦理学从注重经验事实转向了重视价值判断形式和语词意义的逻辑形式主义的发展轨道”①，有别于以往的知识论伦理学，元伦理学并不致力于寻找普遍的道德原则和道德规范，而是致力于“研究道德语言、逻辑、句法、语词等表达形

① 万俊人：《现代西方伦理学史》：上卷，北京：北京大学出版社，1990年版，第290页。

式、功能、结构；分析道德概念彼此间的联系、规则以及道德价值判断与科学事实描述的区别等”①，体现出明显的形式主义特征。不可否认，元伦理学的这种形式主义特征弥补了以往伦理学理论的不足。但是，元伦理学在自身发展过程中由于其内部无法克服的矛盾和局限，使得伦理学必须寻找新的出路，而这为伦理学向生活世界的回归提供了契机。

元伦理学的科学主义致思路向最终却导致了非科学主义的结论。元伦理学由于忽视了伦理学作为一门社会科学的特殊性质，企图将伦理学建设成为一门像数学等自然科学那样有着严密逻辑和精确定义的科学，因此其自身不可避免地会遭遇一定的矛盾。直觉主义离开了各种社会关系试图以对待客观自然事物的科学眼光来审视诸如“善”“义务”等伦理学基本概念时，最终却得出了“善”“义务”是自明的、不可定义的非科学主义的结论。情感主义虽然否定伦理学的科学性质，却坚持以科学主义的研究方法对伦理学的语言进行研究，认为伦理学的语言应当是精确的、符合逻辑或者说是能够进行严密的逻辑推衍的，然而由于他们坚持语言是情感、态度等的表达，这就使语言难以获得统一性和确切性，即同样的语言可能表达不同的情感和态度，从而最终陷入了相对主义，而这与科学主义对普遍性、绝对性的要求相矛盾。可见，把伦理学视为科学，或者用纯粹科学主义的方法研究伦理学，是不准确的，也是行不通的。

元伦理学的形式主义研究方法在使伦理学陷入困境的同时，促使伦理学回归生活寻找鲜活的内容。

元伦理学的形式主义特点在情感主义那里表现得极为典型。他们特别注重对伦理学语言、道德判断等的逻辑分析，而这在他们看来就是伦理学的全部内容和主要任务。所以卡尔纳普说，“关于一种科学的哲学就是对这种科学的语言进行句法分析”②，这样，伦理学实质上就变成了一种具有华丽的外表但却缺乏丰富内容的纯粹的“语言游戏”，而这也使伦理学本身陷入了困境：如果说伦理学仅仅研究语言的意义、结构、逻辑，那么，如何区分伦理学与语言学？换言

① 万俊人：《现代西方伦理学史》：上卷，北京：北京大学出版社，1990年版，第34页。

② 转引自万俊人：《现代西方伦理学史》：上卷，北京：北京大学出版社，1990年版，第347页。

之，伦理学学科的特殊性、伦理学的学科性质何在？如果说伦理学语言是情感的表达，那么又如何区分伦理学语言与心理学语言？所有这一切，如果离开了伦理学语言的特殊内容的规定性，就无从找到答案。有感于此，黑尔进一步发展了情感主义伦理学。他开始在伦理学的形式主义之中灌注内容，指出，“道德语言是一种规定语言”，道德判断既具有“可普遍化性”，亦具有“规定性”，这使“道德语言的逻辑分析有了面向生活的可能”①。伦理学是与人相关的学科，人从来都是复杂的而非机械的，以纯科学的线性的形式主义的方法研究人，不可能得出真正“科学”的结论。

2. 伦理学的历史使命推动伦理学向生活世界回归。

这种推动作用表现为两种力量的相互配合：一种力量是伦理学对自身历史使命的不懈追求，一种力量是社会现实对伦理学的紧迫呼唤。

伦理学的历史使命是什么？自古以来人们有不同的理解和回答。传统的知识论伦理学认为伦理学的使命在于探求隐藏在道德、美德背后的知识，进而构建具有普遍性的统一的道德知识体系。尽管如此，他们并没有完全脱离人的感性现实生活。人应当具有何种美德，人们所应遵守的最高道德原则是什么，什么样的生活是幸福的……对于这些问题的自觉思考体现出他们在不同程度上对现实人生的关注，也为人们的生活提供了指导。然而20世纪发展起来的元伦理学恰恰脱离了鲜活的经验事实，脱离了丰富的现实生活，它使伦理学在理论的科学性方面向前迈进了一大步的同时，也使伦理学的真正使命湮没在了形式的逻辑之中。伦理学的学科特殊性决定了伦理学决不能够仅仅是知识的体系、语言的游戏。伦理学以道德现象、道德问题为研究内容，而道德从一开始就离不开社会关系、利益关系的存在，它的产生就是为了规范人们的行为，协调各种社会关系和利益关系，这就是道德的功用性所在。伦理学作为道德哲学，即使真的可以成为一门有严密逻辑的精确的“科学”，它也应该像其他科学那样能够在现实生活中得到应用，给人们的生活以现实指导和帮助，这是一门学科存在的合理性。因此，伦理学要获得长久的生命力，就应该为生活于纷繁复杂的生存境遇中的人们提供具体的生活模式，引导人们实现生活的意义和生活的价值。

① 万俊人：《现代西方伦理学史》：上卷，北京：北京大学出版社，1990年版，第49页。

另一方面，现代社会诸多矛盾和冲突的尖锐爆发呼唤伦理学向生活世界回归。现代社会人的身份的复杂性使人们亟需行为上的指导。古代社会，人的身份相对简单而且确定，对应于他的身份，有一套相对固定的行为准则——如中国古代社会中的“礼”；现代社会，由于人的活动范围、活动领域的不断扩大，人的身份变得复杂而且多变，不同的身份要求导致的矛盾和冲突增多，当这些矛盾和冲突发生时，人们必须在不同的身份要求之间做出选择。生产力、科学技术的飞速发展使人与自然之间的关系高度紧张，人类需要重新审视自然的价值，重新思考人与自然的应有关系，重新建立人与自然的新秩序。现代社会以市场经济为代表的生产方式更是激发了义与利、物质与精神之间的矛盾。市场经济的自利性要求以及市场经济的等价交换原则易使人们过于重视自我的物质利益以及物质生活，从而忽视对道德的追求，忽视精神生活的满足。结果是，“道德失范”现象大量存在，人们在物质生活富足的同时精神生活却陷入空虚。因此，强化义（道德）对利的引导，正确认识人生的本质、意义和价值，是一个十分急迫的任务。现代社会的分配方式以及由之带来的贫富差距导致了人际关系的紧张，人与人之间的蔑视与仇恨心理滋生。如何协调人与人之间的关系，使弱势群体过上有尊严的生活，使其人格、尊严、权利等得到全社会应有的尊重，需要伦理学的研究。现代社会快节奏的生活方式和高额的消费需求使人们不堪重负，人们不知道自己到底是生活的主人还是生活的奴隶。于是，促进人的全面发展，实现人的全面解放，使生活真正成为“我的”生活，使人们诗意地栖居于世界之中，也成为伦理学应该研究的课题之一。可见，随着人类社会的快速发展，各方面的矛盾逐渐开始显现并进一步激化，为了协调各方面的矛盾，努力实现各方面的和谐，各门学科都应该付出自己的努力。当然，伦理学也必须担负起这一历史重任。

综上所述，伦理学欲证明自身的“有用性”，实现自身的历史使命，需要回归生活世界；现实生活世界大量矛盾和冲突的产生也呼唤伦理学回归生活世界。因此可以这样说，回归生活世界是伦理学继续向前发展的必由之路。

三、道德生活：生活哲学视阈下伦理学研究的重要课题

生活哲学兴起以来，伦理学领域也已经发生了变化，伦理学已经开始关注

现实的人生，最为显著的表现就是应用伦理学的兴起与发展。应用伦理学以伦理学理论为基础，结合其他学科理论，对社会生活中人们所关注的、亟待解决的问题进行伦理思考，并提出建设性的意见和措施，具有强烈的现实感。但是，应用伦理学对社会生活的研究和把握是局部的、特殊的，换言之，应用伦理学只是对社会生活某一特定领域的把握，而缺乏对社会生活的整体把握。生活哲学视阈下的伦理学不能仅仅局限于生活的特殊领域，而且应该从宏观的视角对生活进行整体的探究。

伦理学由于学科的特殊性，必然会从自身独特的视角对社会生活进行审视。我以为，与其他学科相区别，生活哲学视阈下的伦理学研究应当以“道德生活”作为研究对象。

20 世纪 80 年代末 90 年代初以来，“回归生活世界”一直是我国哲学学科的一个重要生长点，“道德生活”也成为伦理学领域广受关注的重要课题。概括起来，学术界在此方面的研究主要呈现出以下特点：第一，在研究内容上，侧重于道德生活的本体研究和史学研究。这方面的代表性成果主要有：高兆明的《道德生活论》（河海大学出版社 1993 年版），［英］M. 奥克肖特的《巴比塔——论人类道德生活的形式》（《世界哲学》2003 年第 4 期），王泽应的《论道德与生活的关系及道德生活的本质特征》（《伦理学研究》2007 年第 6 期），刘先义的《价值活动：道德生活的本质》（《山东社会科学》2006 年第 2 期），他们对道德生活的内涵、本质、特点、类型、形式等问题进行了阐述，这为形成关于道德生活的整体概念提供了可贵的借鉴。此外，还有部分学者从史学的角度开展对道德生活的研究，如唐凯麟教授主编的“中华民族道德生活史研究”系列成果（东方出版社 2014 年版）、陈瑛主编的《中国古代道德生活史》（中国社会科学出版社 2012 年版）运用大量翔实的史料，对中国从先秦至近代的道德生活进行了较为全面而细致的勾勒，这一研究为人们从道德生活这一新的视角审视中华民族的历史打开了一扇窗口，进一步拓宽了伦理思想史研究的领域。第二，在研究方法上，当前学者们更多地侧重于用哲学思辨和史学研究的方法对道德生活的基本问题及其历史表现进行理论上的思考和探索，而缺乏从实证的角度对当前道德生活状况进行的揭示和诊断。第三，在研究所涉领域上，当前的研究领域主要涉及哲学伦理学和史学。其实，道德生活作为人的生活，它与文化、社会之间的联系甚密，对人的特定生活的考察、研究，完全可以从文化学、社会学的视角来进行。这种研究不仅可以拓宽对道德生活研究的思路，而且有助于对道德生活研究的深入。李彬的《走出道德困境——社会转型时期的道德生活研究》（湖南师范大学出版社 2011 年版）可谓是在此方面的一次尝试。

综上所述，当前伦理学界对于道德生活的研究已经取得了相当的成果，为后人的相关研究奠定了坚实的基础，然而这一领域中尚存在许多需要思考和解决的问题，诸如“我们应该过怎样的道德生活”“我们现实的道德生活是怎样的”“理想的道德生活如何转化为现实的道德生活”“生活秩序在构建理想道德生活的过程中发挥何种作用”，等等。对于这些问题的思考有助于进一步深化对于道德生活的研究。

事实上，道德生活与生活秩序关系紧密：道德生活表现为一种合乎秩序的生活，生活秩序塑造道德生活。我国当前正处于重大社会变革时期，各个领域呈现多元化格局，不同的价值观之间发生着碰撞，权力资源缺乏有效监管，各种不良生活秩序（如不良习俗、“潜规则”）对道德生活构成较大威胁，致使社会主义道德建设面临严峻挑战。因此，通过研究社会生活中的各种关系、矛盾，为人们确立符合现代社会需要的道德生活的新秩序，应当是当下伦理学研究的紧迫课题。为此，我们十分有必要从以下几个方面展开研究。

第一，对道德生活、生活秩序及其关系的理论研究。研究道德生活，不能仅仅把它视为一个抽象的概念，否则，这种研究就是脱离生活的，是与生活哲学的本质要求相违背的。如果从现实的角度研究道德生活，有一个问题是我们不可避免地会遇到的——生活秩序。道德本身就是对一定生活秩序的设计和维护，道德生活也是符合一定秩序的生活；理想道德生活的构建依赖于理想生活秩序的建立。因此，在一定意义上可以这样说，当我们从微观层面研究道德生活时，实际上也就是在研究生活秩序。哈贝马斯的“交谈伦理”，其实质也就是认为人们在交往的过程中通过商谈确立一定的准则、规范，形成相应的秩序。

第二，对生活秩序与道德生活的历史研究。在道德生活的建设方面，古代社会有很多比较成功的经验可供我们借鉴。例如，中国以儒学为治国理念的古代社会就十分重视塑造良好生活秩序对构建理想道德生活的重要意义。中国传统儒学与西方的知识论哲学有所不同，它“是社会组织的哲学，所以也是日常生活的哲学”①。中国古代社会的基本社会组织是血缘家庭，社会制度是家族制度，儒学则是对这种社会制度合理性的说明以及对这种社会制度的价值安排。它不仅提出了关于道德生活的理想主张，如仁、义、礼、智、信、忠、孝等，而且根据人们的身份、地位制定了较为详尽的行为规范——礼，而礼的一个十分重要的功能就是塑造符合社会制度需要、合乎儒学价值要求的生活秩序。可以说，儒学的成功不仅在于它适应了当时社会经济基础、社会制度的要求，更重要的恐怕还在于它设计了一套行之有效的生活秩序，并且借助于政治的和习俗的力量，将之在社会生活中广泛推行，从而使儒家倡导的道德生活得以实现。此外，宗教社会中的各种教规、戒律伴随它们的严格执行，也成为维系既定生活秩序的重要力量，在构建宗教社会理想的道德生活方面发挥着不可忽视的作用。因此，从生活秩序的角度对特殊社会中的道德生活的构建过程进行分析和研究，可以获得有益的启示。

第三，对生活秩序与道德生活的现实研究。任何道德生活的构建总是在特定的时代、特定的历史条件下进行的，因此在当前的社会境遇下，我们有必要对现代社会的生活秩序与道德生活的现状、发展变化以及生活秩序对道德生活的影响等问题进行深入探索。尤其是我国当前正处于社会重大变革时期，新旧社会结构的交替使社会制度、社会习俗发生重大变化，由社会制度、社会习俗维系的生活秩序随之发生巨大变迁，道德生活因此呈现出不同的景象。不仅如此，在社会发生重大变革时期，由于方方面面复杂因素的共同作用，致使我国当前社会的生活秩序并不尽如人意，而这又直接导致我国当前的道德生活面临挑战。研究道德生活，就必须研究生活秩序的现状、生活秩序的变化及其对道德生活的影响；探寻实现生活秩序的价值取向与社会价值导向相统一的现实路径，以促进理想道德生活的实现。此外，现代社会处于多元文化的冲撞之中，社会分层日益明显，身处不同文化背景、不同社会群体的社会成员对于生活秩序的感知和践履存在差别，他们在对生活秩序的引领方面各自发挥着什么作用，双方之间又有着怎样的影响，对于这些问题，都有待进一步研究。然而，进行

---

① 冯友兰：《中国哲学简史》，北京：北京大学出版社，1996 年版，第 19 页。

这种研究，仅仅伏于书桌进行单纯的理论架构还远远不够，生活哲学的视角需要我们贴近生活、接触生活，运用调查研究等社会学的研究方法，在对社会现实有了较为准确的认识的基础之上，形成较为客观的结论，这种结论对构建理想道德生活的实践才会具有实际的指导意义。

中国哲学的特点是生活化和大众化，生活哲学视阈下的伦理学应该秉承这一特点，从生活中撷取研究的课题，深入生活进行调查，用研究的成果指导生活。唯有如此，伦理学才能获得长久的生命力。

第一章

道德生活概述

哲学（伦理学）向生活世界的转化引发了人们对道德生活的关注，而“道德生活”的提出更是人们从生活哲学的视角对道德领域进行思考的结果。何谓道德生活？道德生活的本质、特点如何？道德生活有哪些基本类型？对于这些问题，虽然近年来学术界不乏理论上的探索和思考，我们的研究仍然有必要从对道德生活的理解开始。

一、道德生活的含义

“道德生活”是“道德”与“生活”的合成词。道德生活既与道德息息相关，又无法脱离生活。理解道德生活，应当从对“生活”以及对“生活世界”的理解开始。

（一）生活与生活世界

人们无时无刻不在生活着，也无时无刻不身处于生活世界之中。然而，对于我们身处其中的生活和生活世界，人们的理解不尽相同，甚至存在较大差异。

“生活世界”由胡塞尔首先提出。20 世纪初欧洲科学陷入危机。这场危机的实质就是科学对价值领地的叛离——科学只重事实，而忽视了人的精神，忽视了生活的意义和价值。“这种只见事实的科学造成了只见事实的人”，进而造成了整个社会精神的沉沦。为此，胡塞尔振臂高呼，应重回生活世界。在他看来，“生活世界是永远事先给予的，永远事先存在的世界”；同时，他也承认“人是有目的的”，能够进行自觉的创作，并且指出“人的一切创作也属于生活世界”。① 显然，在胡塞尔的眼中，生活世界是一个精神的世界，属于人的意识活动的领域。先验的精神世界是一切目的的前提，是价值和意义的源泉。

哈贝马斯对生活世界也有丰富的论述。他否定将生活世界理解为先验的意识领域，而是坚持生活世界是人们生活于其中的现实世界，其主要内容就是人们的交往活动，尤其是语言交往活动。他认为“生活世界……是言语者和听者在其中相遇的先验场所；在其中，他们能够交互地提出要求，以致他们的表达与世界（客观世界、社会世界和主观世界）相协调；在其中，他们能够批判和证实这些有效性要求，排除他们的不一致并取得认同”。② 哈贝马斯将生活世界的结构分为三个层次：文化、社会、个性。“文化”指的是“可随时动用的知识储备”；“社会”指的是对社会群体的成员起调整作用的“合法的秩序”；“个性”指的是“主体由以获得言语和行动的功能的那种能力和资格”，借助于这种能力和资格，主体得以相互理解。③ 从这个意义上说，哈贝马斯理解的生活世界“是人们共同生活于其中的文化氛围，是人们之间相互交往的背景和条件”。④

海德格尔是存在主义的重要代表人物，受胡塞尔的影响，他也十分重视人的生活的意义和价值。“在对存在者之为存在者的任何行止中，在对存在者之为存在者的任何存在中，都先天地有个谜。我们向来已生活在一种存在之领会中，而同时，存在的意义却隐藏在晦暗中，这就证明了重提存在的意义问题是完全必要的。”⑤ 他对生活世界的理解与他对人的存在状态的认识相联系。海德格尔认为，世界是随着此在的存在而展开的，也就是说，世界是人的世界，世界的意义因人而呈现。在这个世界中，人呈现出不同的存在状态，“烦”是此在的根

---

① 倪梁康选编：《胡塞尔选集》（下），上海：三联书店，1997 年版，第 1087—1088 页。

② 哈贝马斯：《交往行为理论》，曹卫东译，上海：上海人民出版社，2004 年版，第 191 页。

③ 参见哈贝马斯：《关于交往行为理论的预备性研究和补充材料》，法兰克福/美因，1989 年版。转引自：艾四林：《哈贝马斯论“生活世界”》，《求是学刊》1995 年第 5 期。

④ 王晓升：《生活世界——社会历史研究中价值维度》，《福建论坛·人文社会科学版》2003 年第 5 期。

⑤ ［德］海德格尔：《存在与时间》，陈嘉映，王庆节合译，北京：三联书店，2012 年版，第 5—6 页。

本状态。然而人不仅是“此在”的存在，也是“共在”的存在。在人与人的交往中，此在有可能陷于“沉沦”——闲谈、好奇、两可，从而使人丧失自我、自由和创造性，人丧失了本真的自我。由上可见，海德格尔所理解的生活和生活世界主要由人的存在以及人对于存在的体验构成。

统观他们对于生活世界的理解，可以发现，他们“所说的生活只是指人的日常生活，他们所描绘的生活世界仍然是自然态度的生活世界，一个抽象的生活世界无法从本质的、内在的、人类存在之意义的角度来切入对生活世界的思考”。① 显然，这样理解的生活、生活世界都脱离了具体的社会关系，是抽象的。马克思主义则从具体的现实出发，从客观的社会关系出发，对生活和生活世界进行了新的理解和阐述。

马克思主义认为，生活就其本质而言就是“产生生命的生活”②；生活世界就是人的实际生活过程，是“现实生活的生产和再生产”③。它的根本特征在于：它是“人的自由的有意识的活动”④，不受人的肉体需要的影响，同时“人懂得按照任何一个种的尺度来进行生产，并且懂得处处把内在的尺度运用于对象；因此，人也按照美的规律来构造”⑤；它是人们通过自己的活动（实践）参与创造的世界，它不仅表现为活动的过程，同时也表现为活动的对象。由此，马克思主义理解下的生活和生活世界都是依人而存在的，是人创造的，而非事先给予的；是客观的、现实的实践活动，而非纯粹的意识活动；它具有创造性，日成日新，而非一成不变。关于生活的创造性，梁漱溟也有精彩论述：“生活者生活也，非谋生活也。事事指而目之曰‘谋生活’则何处是生活？”⑥ 那么，生活的本质何在？梁漱溟先生认为生活的本质恰在于对生命的充分展现以及对生

① 叶德明：《论马克思哲学视野中的生活世界及其意义》，《学术论坛》2009年第3期。

② 马克思：《1844年经济学哲学手稿》（节选），见《马克思恩格斯选集》：第1卷，北京：人民出版社，1995年版，第46页。

③ 《恩格斯致保·拉法格》，《马克思恩格斯选集》第4卷，北京：人民出版社，1995年版，第695页。

④ 马克思：《1844年经济学哲学手稿》（节选），见《马克思恩格斯选集》第1卷，北京：人民出版社，1995年版，第46页。

⑤ 马克思：《1844年经济学哲学手稿》（节选），见《马克思恩格斯选集》第1卷，北京：人民出版社，1995年版，第47页。

⑥ 梁漱溟：《梁漱溟全集》第4卷，济南：山东人民出版社，1991年版，第759页。

命的完成。他这样说道："生命者无目的之向上奋进也。所谓无目的者以其无止境不知其所届。"① 可见，生活的本质在于人们在自身创造本性的激励下不断奋进以趋完善的过程。

基于马克思主义对生活及生活世界的理解，我们可以这样定义生活及生活世界。生活，就是人的所有生命活动及其创造物的总和。它内在地包含着三个要素：从事生命活动的主体——人、人的生命活动、人的生命活动的创造物——环境。其中，生活的主体是人。人作为生活的主体，以其自由自觉的创造活动不断生产生命，使个体生命和"种"的生命得以延续和发展。生命活动是生活的实质和核心，它包括人作为有机体的生理活动（生命体的存在之必需）以及人的社会实践活动——生产（物质生产和精神生产）活动、交往活动等。这些生命活动进行的过程就是人的本质的展开过程，也是创造和改变生活环境的过程。② 环境作为人的生命活动的创造物，反过来又成为人的生活的条件，制约着主体人的思想意识及其生命活动的展开。从这个意义上而言，生活既是生成着的，又是被决定着的；既是创造者，又是被创造者。

当我们这样理解生活的时候，生活是现实的、活泼的、灵动的。生活世界因此既非先于人类社会而存在的精神世界，也非单纯的文化因素构成的交往、意义世界，而是由人、人的现实生命活动及其创造物所构成的现实的、丰富的、充满生机的世界。

（二）道德生活的本质

何谓道德生活？考诸学术界的研究成果，大致存有以下代表性观点：(1)"道德生活是由人类情感和行为决定的，它受艺术而不是人本性的左右。它是一种可选择的行为活动。"③ (2) 道德生活本质上是自觉的自己支配自己的生活④。(3) 道德生活是有关人们利益关系的实践理性生活，是追求人格完善、

① 梁漱溟：《梁漱溟全集》第4卷，济南：山东人民出版社，1991年版，第758页。

② 马拥军：《生活哲学的对象和方法》，《哲学研究》2004年第5期。

③ ［英］M. 奥克肖特：《巴比塔——论人类道德生活的形式》，《世界哲学》2003年第4期。

④ 唐君毅：《道德自我之建立》，南宁：广西师范大学出版社，2005年版，第15页。

社会和谐与公正的创造性生活。① （4）道德生活就是人们在日常生活中进行行为选择和价值评价时所置身于其中的社会价值场②。（5）道德生活就是一切合乎道德的有目的性活动。③ 上述定义虽有不同，但是它们分别揭示出：道德生活是“人”的生活，是人的自觉意识支配下的生活，是具有创造性的生活，是合乎道德的、有道德评价和道德选择参与其中的生活。不可否认，他们都揭示了道德生活的某方面的本质特征，对于理解道德生活的内涵及其本质提供了帮助。

其实，道德生活不过是一种特殊的“生活”，具有生活的一般本质。如果从前面对生活的理解的角度出发，那么我们可以这样理解道德生活：它就是人的所有生命活动中具有道德内容、道德意义和道德价值的生命活动（道德活动）及其创造物的总和，是以价值、意义所反映出来的人的生命活动的实践方式。道德生活内在地包含着作为道德主体的人、人的道德活动、人的道德活动的产物——道德环境三个方面。

人是道德生活的主体。换言之，道德生活是“人”的生活，反之也只有人才能够过道德生活。道德生活考量的是人的活动的道德意义和道德价值，它通过人的有道德价值和道德意义的活动来实现。而道德是属人的，是人们自觉地对社会关系（利益关系）进行调节的产物。故而知晓道德、讲求道德也是人与其他万物相区别的重要标志。对此，荀子曾这样提及：“水火有气而无生，草木有生而无知，禽兽有知而无义；人有气、有生、有知并且有义，故最为天下贵。”④ 正是由于人“有义”，所以人的活动才不是盲目的，而是服务于特定的意义和价值，并且受到特定行为规范的约束和制约；即使人的自然生命活动也是如此，不能肆意妄为。虽然如告子所言：“食色，性也。”但是，人的饮食和性行为都已脱离了纯粹的自然性，不同于动物的本能，其对象的选择、方式的选择、场所的择取以及行为的后果等，都已经具有了道德的规定性，无视这种道德规定性的行为则是“禽兽不如”的行为。由上可见，道德生活就其本质而

① 高兆明：《道德生活论》，南京：河海大学出版社，1993 年版，第 13 页。

② 于树贵：《道德生活界说》，《道德与文明》2006 年第 4 期。

③ 高恒天：《试论“道德生活”的特点与类型》，《学术论坛》2006 年第 5 期。

④ 《荀子·王制》。

言，就是价值意义视角下的人的生活，而人的生活也只有具有道德价值、道德意义，才能够称得上是真正的人的生活。

道德活动是道德生活的实质和核心。道德活动包括道德行为活动和道德意识活动。道德行为活动是表现在客观方面的可见可感的具体行为，如道德行为、道德选择、道德交往等；道德意识活动是表现在主观方面的人的内在的思想意识，如道德认知、道德情感、道德意志、道德信念。无论是外在的行为还是内在的思想意识，都是人特有的生命活动的展现，都是人之为人的本质的展现。由于思想意识的不同，人们对于道德关系的认识和把握存在差异。由于思想意识的变化，人们对于道德关系的认识也会随之变化，社会生活中的道德活动因此而呈现多样性和变动性。在道德活动中，人们通过道德意识活动思考现有的道德关系和应有的道德关系，通过道德行为活动改造现有道德关系，创设应有的道德关系。这样，道德活动一方面使道德生活呈现出不同的样态；另一方面也使道德关系不断得到发展和改善。与此同时，人们通过道德活动的进行，也使自身不断得到丰富、发展和完善，从而使自身实现在道德上的完善，实现人的道德本质。

道德环境是道德生活的固化表现和条件。道德环境是人的道德活动的创造物，它不以物的形式存在，而主要是以道德关系、道德文化等形式存在，例如一个国家、民族的道德价值观念以及风俗习惯等。它是人们通过道德活动创造和体现出来的。道德主体（人）的道德活动以道德关系为对象，或者思考道德关系，或者改造道德关系，以促进人际、社会的和谐及有序。其道德活动的结果就是一定道德关系以及道德文化的形成。从另一个角度而言，道德环境又是人们进行道德生活的外部条件，对人们所进行的道德生活的性质及方向发挥着重要影响。道德生活不是空中楼阁，它的进行就在现实的社会生活之中，就在现实的社会关系之中。处在这一社会生活、社会关系之中的人（道德主体）具有什么样的习惯性的道德观念和价值观念，信奉怎样的道德文化，从事怎样的道德活动，遵循怎样的习俗，对于人们的道德判断、道德评价、道德选择都会产生直接的影响。中华民族长久以来的道德活动造就的道德文化直接影响着炎黄子孙的道德观念和道德选择，而这与西方道德文化影响下的人们的道德观念和道德选择存在很大的区别。可见，人的道德活动及其创造物道德环境之间相互作用、相互影响。

综上所述，道德生活就其本质而言，就是主体人在其自由自觉的意识支配之下，在道德领域所进行的价值活动①，它不仅生产出道德关系和道德文化，而且为既有的道德关系和道德文化所影响。

二、道德生活的特征

依据不同的标准，我们可以将生活划分为不同的类别。例如，依据活动领域的不同，有家庭生活、职业生活、公共生活；依据活动属性的不同，有经济生活、政治生活、文化生活；如果按人类活动的性质进行划分，则有精神生活和物质生活；依据人们在生活中是否遵循习惯性的思维，有日常生活和非日常生活，等等。而当我们说“道德生活”的时候，绝不意味着它是独立于家庭、职业、公共生活之外而存在的生命活动领域，也不意味着它是独立于精神生活和物质生活之外的第三种性质的生活，而是人类生命活动进行的方式，即人类采取什么样的行为方式和行为模式生存、发展于这个世界。因此，道德生活并非一个界限分明的活动领域，而是渗透到人类的各种生活之中，并且贯穿物质生活和精神生活的各个层面。如果说前面的各种生活都具有某些共同的特征，它们都是属人的生活，都是人的意识支配下的生活，也都是具有创造性的生活，那么，道德生活作为与之不同的一种生活类型，除了具有如上共同特征之外，还具有如下鲜明的独特性。

（一）边界的模糊性

是否存在这样一个客观的领域，可以将道德生活与其他生活类型截然分割。答案是否定的。也就是说，道德生活与其他生活的边界模糊不清，难以做到泾渭分明。

一般来说，其他生活之间的边界较为明显，它们都有特定的活动领域。例如，经济生活局限于人们的生产、交换、分配、消费等活动领域，政治生活限于人们的行政、参政、议政等活动领域；家庭生活限于作为社会细胞的家庭内部，公共生活限于公共场所，职业生活则发生于职业劳动的过程中。日常生活

① 刘先义：《价值活动：道德生活的本质》，《山东社会科学》2006 年第 2 期。

限于同个体生命的延续相关，旨在维持个体生存和再生的活动领域，非日常生活限于同社会整体或人的类存在相关，旨在维持社会再生产或类的再生产的活动领域。它们的场所也相对固定：经济生活、公共生活、职业生活都有各自相对固定和稳定的活动场所，或者说，空间相对独立。对于这些生活类型，我们完全可以对它们进行较为清晰的界定和划分。

道德生活则不然。道德生活的边界较为模糊，它与其他诸多类型的生活相互纠结，我们几乎无法把它从生活的某个特定领域中划分出来。换言之，道德生活几乎涵盖了生活的方方面面，无论是自然生活还是社会生活，物质生活还是精神生活，经济生活、政治生活还是文化生活，家庭生活、公共生活还是职业生活，日常生活还是非日常生活，只要有社会关系和利益关系存在的领域，都是道德生活涵摄的范围，由此可见其涵摄范围之广。也正是由于道德生活涵摄范围广，所以边界难以清晰界定。在人类的经济生活、政治生活、家庭生活、公共生活、职业生活等各种生活类型之中，都有道德生活的内容。例如，经济生活中关于生产、交换、分配、消费的经济活动必然涉及生产者和消费者、管理者和员工、企业和社会等各种利益关系，而且经济生活的求“利”活动如何保持合“义”性，也是经济活动中的人们所需要考虑的问题——而这些恰恰是道德生活的重要内容。其他生活也是如此，政治生活中政府的管理理念、管理方式、政府官员的工作作风、对人民的态度，家庭生活中家庭成员之间关系的协调、义务的履行，无不关乎道德。所以，当我们从价值视角来审视各种生活时，它们同时也是道德生活。

道德生活边界的模糊性使道德生活缺乏固定场所（空间），因此容易被人们忽视，即便如此，道德生活所依赖的社会关系、利益关系的现实性、客观性却不容置疑。

（二）内容的价值性

由于道德生活本质上是一种价值活动，因此，虽然道德生活与其他多种类型的生活纠结在一起，但是它仍然具有自身独有的属性，即具有道德内容、道德意义和道德价值，能够进行“善—恶”价值评价。有学者这样总结：“道德生活不同于经济生活、政治生活的地方就在于它始终以寻求意义和创造价值为主旋律，并使这种意义和价值成为人生的目的性追求和动力源泉。”①

诚如荀子所言，“人有气、有生、有知亦且有义，故最为天下贵”②，探求生活的意义和价值，追求有意义有价值的生活，是人区别于宇宙万物的根本，也是人的生活与其他动物生活的本质区别所在。当人类刚刚从动物界中分离出来，当人类的意识和自我意识逐步成熟及发展，人于始自觉地思考人与人、人与社会、人与自然之间的关系，并逐步形成对人的行为具有约束力的道德原则和道德规范（最初表现为风俗、习惯、禁忌等），以之作为评价人的思想意识和行为的标准以及人的生活所应追求的目标。人的行为只有合乎这些原则和标准才是“善”的、有意义、有价值的；反之，则是“恶”的、无意义、无价值的。于是，人们在其生活中，开始了自觉地追求善、创造善的永无止歇的价值活动。也正是在人类不断探求生活的意义和价值的过程中，形成了人类特有的道德生活画卷。然而正如“一千人的心中有一千个哈姆雷特”，人们对于意义和价值的理解也不尽相同，甚至在不同的文化体系中存在相当大的差异。在对世界产生重大影响的几大文明中，如古希腊文明、古印度文明以及古代中国文明都包含有人类对于生活的意义和价值的探索和追求。我们甚至可以说，这恰恰是几大文明的核心所在。作为古希腊文化的集中代表，《荷马史诗》中歌颂了英雄人物身上所体现出的智慧、勇敢、节制、正义等品质，而这成为古希腊时期的“四主德”；柏拉图建立了他的理念王国，指出“四主德”都统摄于一个至高的理念——至善，人生的根本目的就在于达致至善。印度的佛教以追求否定现世的彼岸世界为路向，认为人生的目的就在于脱离苦海，实现涅槃境界，超越生死、跳出轮回。而想要达到这一境界必须积极行善修为。中国儒家文化也十分重视对善的追求，重视人的精神境界的提升。追求至善，实现天人合一，历来是儒家的基本价值取向。可见，东西方文化自古以来都是寻求善、追求善，人类的生活也无不在这种追求中展开。但是，西方文化强调个体的权利，东方文化强调个体的义务；中国文化重视现实人生，印度文化强调彼岸世界。由于

① 王泽应：《论道德与生活的关系及道德生活的本质特征》，《伦理学研究》2007 年第 6 期。

② 《荀子·王制》。

意义和价值的不同，道德生活因此呈现出多样性。

道德生活内容的价值性是道德生活与其他一切生活类型相区别的根本所在。经济生活、政治生活是从其所从事的具体活动的内容而言，道德生活则是从这些具体活动的内容所蕴含的道德意义和价值属性而言。其对象相同，审视的视角却存在很大差异。

（三）目标的层级性

道德生活是人追求意义、追求价值的生活。由于人们对意义和价值的认识不同，同时也由于人们的思想觉悟有高低之分，因此人们所进行的道德生活的层次参差不齐，这也给道德生活增添了几许复杂性。

人们在道德生活中对善的追求和创造，目的在于不断实现人类自我的道德完善，努力促进人与人、人与社会、人与自然等各方面关系的和谐，它是一个不断向善的过程。从社会整体的角度而言，社会的道德状况、道德水平在不断地提升和发展，人类在任何时候都不会对现有的道德环境完全满意，而是不断地发现问题，努力创设新的道德环境；从个体的角度而言亦是如此，个体也在不断的自我否定、自我批判中逐步走向自我完善。这个过程不是一蹴而就的，而是必然呈现阶段性的特征。在人类社会以及个体道德发展的进程中，这种层级性表现得十分明显：从原始社会的道德生活到社会主义的道德生活乃至未来共产主义社会的道德生活，从不损公肥私到先公后私再到大公无私、无私奉献，其追求的目标层层递进。在一个具体的社会中，由于意识形态的相对独立性，过去的、现在的、未来的道德观念并存，落后的道德观念与进步的道德观念共生，不同道德觉悟的个体共存，这使得不同道德观念之间的矛盾和对立丛生，道德生活于是呈现出立体性、丰富性和复杂性。也就是说，不同类型的道德生活可能共处同一时空。社会制度、道德体系的建立意在引导人们过一种社会所倡导的道德生活，但是人们实际奉行的可能是另外一种或者几种道德生活，它们可能相互补充，也可能相互排斥。社会的整体道德生活朝向一个怎样的方向发展，取决于生活于其中的每一个个体道德生活之间的整合与斗争。而这也给社会整体道德生活的建设带来了困难。道德生活的复杂性也增添了其他各种生活的复杂性。由于个体的道德观念、价值取向不同，从而使经济活动增加了风险，政治生活增添了不稳定因素……尤其是当与主流道德不相符合乃至对立的道德生活占据了主流时，它对经济生活、政治生活的影响则是巨大的。

道德生活的如上特征构成了人类特有的追求意义、追求价值同时又复杂多样的活动空间，同时也为我们把握道德生活提供参考，为我们考察和研究道德生活提供可能。

三、道德生活的基本形式

道德活动包括人内在的道德意识活动和外在的道德实践活动，因此，人的道德活动展现的、具有道德意义和道德价值的生活可以通过两个途径呈现：一是在人的思想意识中呈现，二是在现实的实践领域呈现。据此，道德生活主要表现为两种基本形式：道德思考和道德习惯。① 道德思考设计理想道德生活，道德习惯反映现实道德生活。

（一）道德思考

人要追求有意义、有价值的生活，必然要思考生活的意义和价值何在，有意义、有价值的生活应当是怎样的，怎样的生活才符合善的规定。道德思考是人们在主观精神领域对善的把握，是人的一种观念活动。这种以道德为对象和内容的思考活动是人类道德生活的重要形式之一。它表现为人的道德意识，形成具体的道德理念和道德理论，指导着人的道德实践活动。

道德思考作为人的观念活动，不是先在的，而是人们在现实生活中自觉地对现有的道德关系和道德规范所做出的意识反映，它直接关系到人们“对道德理想的自觉追求”和“对道德规范的思考性遵守”②。

首先，道德思考是对道德关系“应然”状态以及这种“应然”状态的实现途径的一种观念性设计。事物的发展永不停歇，现实道德生活永远不会是完美的，人们总是对现实道德生活存有不满，因而总是怀揣着对理想道德生活的憧憬与设计去追求理想之“善”。人们对于理想道德生活的设计都是立足于现实的道德关系而提出的人类社会道德关系的理想状态，或者说是道德生活的理想状

---

① 此处借用了奥克肖特使用的概念。参见：M. 奥克肖特：《巴比塔——论人类道德生活的形式》，《世界哲学》2003 年第 4 期。

② M. 奥克肖特：《巴比塔——论人类道德生活的形式》，《世界哲学》2003 年第 4 期。

态。身处春秋乱世，礼崩乐坏，如何重整秩序？重建何种秩序？出于对这些问题的思考，儒、道两家提出了明显不同的理想主张。儒家主张复周礼，重建尊卑有等的道德生活秩序，对于鲁国大夫季孙氏“八佾舞于庭”这种僭越礼制的行为，孔子大呼“是可忍也，孰不可忍也”。重建道德秩序，就要充分发挥道德的作用，由此形成了儒家的“德治”传统。道家则主张顺应天道自然，人应做到无欲，如此才能无为、无争，社会自然安定。由于主张不同，儒家和道家对理想社会的设想和追求也不同。

> 大道之行也，天下为公，选贤与能，讲信修睦。故人不独亲其亲，不独子其子，使老有所终，壮有所用，幼有所长，矜寡孤独废疾者皆有所养，男有分，女有归。货，恶其弃于地也，不必藏于己；力，恶其不出于身也，不必为己。是故谋闭而不兴，盗窃乱贼而不作，故外户而不闭，是谓大同。
>
> （《礼记·礼运》）
>
> 小国寡民。使有什伯之器而不用，使民重死而不远徙。虽有舟舆，无所乘之；虽有甲兵，无所陈之。使民复结绳而用之。甘其食，美其服，安其居，乐其俗。邻国相望，鸡犬之音相闻，民至老死不相往来。
>
> （《老子》第八十章）

此外，古希腊时期的哲学家们提出的人应当具备的四种主要德性：正义、智慧、勇敢、节制；中国古代儒家倡导的仁、义、礼、智、信等道德规范，以及资产阶级思想家提出的自由、平等、博爱等价值主张，无不体现出不同时期不同阶级的道德理想，无不包含着人们对理想道德关系的认识和追求。

诚如老子所言：“大道废，有仁义；智慧出，有大伪；六亲不和，有孝慈；国家昏乱，有忠臣。”① 人们之所以怀有对理想道德生活的憧憬，必定是由于现实道德生活中存在诸多弊病，并且对这些弊病做出了深刻的思考。因此，道德思考主要不应是辩护性的，而应该是批判性的、建构性的，即道德思考不应该仅仅局限于对现实道德关系的辩护和论证，而更应该是对现实道德关系的批判

① 《老子》第十八章。

以及对“应有”道德关系的建构。唯有如此，人类社会现实的道德关系才能在不断的批判与建构中得以走向完善，理想的道德生活才能不断趋于实现。

“此外，每一种道德理想都潜在地是一种成见；对道德理想的追求也是一种把特定对象视为类似神的偶像崇拜。……对一种理想的过度追求，经常导致对其他理想，甚至对所有其他理想的排斥。”① 因此，在复杂的道德生活中，持有不同道德理想的人之间会产生争论。在争论中，他们各自通过道德思考对自己的道德理想进行辩护。春秋战国时期是中华民族文化史上的灿烂时期。这一时期，诸子百家纷起，他们各自提出了自己的理论主张乃至治国主张，其中不乏对道德理想的设计和追求。由于理想追求不同，相互之间不可避免地发生争论，而他们各自也都为自己的学说进行辩护。下引儒道、儒墨之间的道德论证。

> 孔子适楚，楚狂接舆游其门，曰：凤兮凤兮，何如德之衰也！来世不可待，往世不可追也。天下有道，圣人成焉；天下无道，圣人生焉！方今之时，仅免刑焉！福轻乎羽，莫之知载；祸重乎地，莫之知避。已乎，已乎！临人以德。殆乎，殆乎！画地而趋。迷阳迷阳，无伤吾行。吾行郤曲，无伤吾足。
>
> （《庄子·人间世》）
>
> 杨朱、墨翟之言盈天下。天下之言，不归杨，则归墨。杨氏为我，是无君也。墨氏兼爱，是无父也。无父无君，是禽兽也。
>
> （《孟子·滕文公章句下》）

在儒学的发展史中，道德争论也是不断。1175 年，在信州（今江西上饶）鹅湖寺举行的“鹅湖之会”，就是理学内部朱熹和陆九渊之间关于为学之方的一场道德争论，会议结果是双方不欢而散。在理学外部，朱熹与以陈亮、叶适为代表的事功学派之间也开展过义利、王霸之辩。这些道德争论和道德辩护在一定程度上加深了人们对于道德理想的认识。

---

① ［英］M. 奥克肖特：《巴比塔——论人类道德生活的形式》，《世界哲学》2003 年第 4 期。

其次，道德思考也包含人们对现有道德规范的反思性遵守。对于现实生活中既有的道德原则和道德规范，为什么有人遵守，有人违反？在多元文化背景下，为什么有的人遵守此种道德规范，有的人遵守彼种道德规范？对于一种特定的道德规范，为什么有的人毫不犹豫地遵守，有的人却心存怀疑？因为人的行为选择受其意识的支配，人的道德选择受其道德意识的支配。对于道德规范，人们从来不是不假思索地遵从，而是首先认识道德规范，思考道德规范，将之与自己固有的道德观念、道德意识相比较，有时也会在行善与不行善所对应的结果之间进行比较，然后做出自己的选择。正是由于人们对道德规范的遵守是人们经过道德思考后的结果，这就带来了社会生活中的道德争论。例如，对“乐于助人”这一道德规范，一些人身体力行，另一些人则心存疑虑。会不会给自己带来麻烦，惹祸上身？于是社会上就产生了“路人摔倒，扶还是不扶”的道德争论。对这一问题的不同回答，反映了人们不同的道德意识，同时也决定着人们不同的道德行为。

可见，道德思考虽然设计理想道德生活，但是它同样也指向现在、影响现在。构建理想道德生活，不能忽视对人们道德意识的引导，通过影响其道德思考引导其道德行为。

（二）道德习惯

如果说“习惯是对既有社会生活方式、存在方式的记忆”①，那么，道德习惯就是对既有道德实践方式和道德存在方式的记忆，它是人们在实践领域对善的把握，是人的客观实践活动，通常表现为人们习惯性的道德实践活动。从个体的角度而言，每一个个体在从事道德实践活动时，都无须经过深思熟虑，一般都表现为个体下意识的选择和行为，这种“下意识”也就是习惯。从社会整体的角度而言，尽管每一个个体对善的认识以及道德实践存有差别，但是，长期的文化熏陶和共同生活使人们形成了某种共同的道德实践模式（包括道德选择模式、道德行为模式、道德交往模式②）。由于这种道德实践活动往往具有普遍性和习惯性，所以称之为“道德习惯”。道德习惯的不同，使不同民族的道德

① 高兆明：《论习惯》，《哲学研究》2011 年第 5 期。

② 姚新中：《道德活动论》，北京：中国人民大学出版社，1990 年版，第 191 页。

生活呈现出各不相同的风貌。

道德习惯源自不同的文化背景，人的道德实践方式以及道德存在方式是在长期的文化熏陶之下形成的。文化不同，人们对待和处理各种利益关系的态度不同，人们的道德习惯自然也有不同。从整体上说，不同文化圈的国家和民族，如中西之间，由于属于异质文化，价值取向和价值标准存在较大差异甚至矛盾，从而导致人们的道德习惯发生冲突。西方文化重个体，强调个体之间的边界；中国文化重整体，重“和”，往往试图消除人我之间的边界。因此，西方人用餐时习惯于“AA 制”，中国人则习惯于“请客制”。是西方人小气？中国人大方？不熟悉中西文化的差异，就无法正确理解和评价。如果一个国家幅员广阔、民族众多，那么，不同地域、不同民族的文化差异也会带来不同的道德习惯。当然，道德文化并非一成不变，道德文化的变化会逐渐带来人们道德习惯的变化。在传统文化影响下，人们习惯于讲义务、重整体；在市场经济条件下，人们习惯于讲权利、重个人。在社会诚信度较高时，人们对于乞讨者存有普遍的同情之心，施舍，甚至将乞讨者带到家中饱餐一顿的事情也是时有发生。但是当社会的诚信度普遍降低，连乞丐都成为一种“职业”时，人们更加习惯于对他们持怀疑、鄙夷、熟视无睹的态度。

可见，道德习惯间的冲突实际是道德文化间的冲突。当我们身处一个文化多元、文化开放的社会，会更加深切地感受到道德习惯间的冲突。如果主流道德文化影响下的道德习惯逐渐退去，而与之对抗的道德文化影响下的道德习惯成为主流，并具有了较大的普遍性，这就意味着，在实际的道德生活领域，主流的道德文化已经失去了阵地，社会的主流价值、主导价值已经被人们抛却，或者仅仅成为口头上的宣扬而失去了实际的行为导向功能。

可以这样说，对一个社会人们的道德习惯的分析，可以折射出这个社会道德生活的概貌，或者说，道德习惯反映出的恰恰是一个社会现实的、真实的道德生活。

道德思考和道德习惯作为人类道德生活的两种基本形式，虽有不同，但它们也相互联系、相互作用。

道德思考追求的是道德关系的“应然”，道德习惯反映的是道德关系的“实然”，是人们在现实生活中处理人与人、人与社会、人与自然关系时所表现出来的对善的实际把握，它是人类社会现实道德生活的真实反映。由于道德思考指向未来，道德习惯指向现实；道德思考设计道德关系之“应然”，道德习惯反映道德关系之“实然”，因此，二者对善的把握存在差距。一般而言，道德思考具有前瞻性，它可以超越现实的经济、政治等社会因素的限制，中国古代儒家早在先秦时期提出的“天下为公”的“大同世界”，马克思、恩格斯关于消灭私有制、人人平等且得到自由全面发展的共产主义，都是道德思考的结果；道德习惯具有现实性，它无法超越当下经济、政治、文化等因素的影响，因此虽然儒家设计出来了“大同世界”这一理想社会，但是在现实生活中人们仍然在实践并维系着贵贱有等、等级服从、男尊女卑的道德关系，只要相应的经济、文化等因素未被彻底消灭，这种道德关系就会一直存在。由此可见道德思考和道德习惯的另一个对立性特征：道德思考具有批判性、建构性，道德习惯具有保守性、惰性。道德思考对理想道德生活的设计以对现实道德生活的批判为基础，而道德习惯则以对现实道德生活的重复为表征。

然而，道德生活的两种基本形式并非完全对立。道德思考不能凭空产生，其思考内容只能源于现实的道德生活，源于对道德习惯的反思和批判。道德习惯尤其是不良道德习惯可以激发人们的道德思考，而人们通过道德思考所追求的道德理想要成为可能，或者“道德理想追求的道德要成为可能……总是通过习惯的道德行为达成的”①。道德思考也并不仅仅停留于对理想道德生活的观念性设计，即道德思考的最终使命不在于解释世界、批判世界，而在于改造世界，变革人们的道德习惯。道德思考带动道德习惯的改革，从而使现实道德生活不断地向理想道德生活趋近。道德生活两种基本形式的相互促动不仅推动了人的道德完善，而且也推动着人类整体道德生活的不断发展。

---

① ［英］M. 奥克肖特：《巴比塔——论人类道德生活的形式》，《世界哲学》2003 年第 4 期。

第二章

生活秩序与道德生活

道德生活的构建过程，就是道德思考与道德习惯之间的矛盾运动过程，也是现实道德生活向理想道德生活的转化过程。现实道德生活向理想道德生活的转化不可能自发完成，道德思考所带动的道德习惯的变革也必将面临重重阻碍。生活秩序是理想道德生活向现实道德生活转化的重要中介，是新的道德习惯得以形成的外部推动力量。构建理想道德生活，必须致力于新的生活秩序的创设。

一、生活秩序概述

社会生活中，人如果肆意妄为，行为杂乱无章，社会就无法很好地存在，人也无法很好地生活。因此，生活的有序化是人类社会的客观需要。生活的有序化是生活秩序形成的过程，这一过程既是社会发展的自组织性功能的发挥，也是人类主观能动地对其进行建构的过程。

（一）生活秩序的含义

秩序是一个合成词。“秩”和“序”都有“次序”的意思。如《汉书·古永传》中的“贱者咸得秩进”，以及《史记·秦始皇本纪》中的“事各有序”，都是在这个意思上使用的。可见，秩序就是指事物有条理、不混乱的状态，与“无序”相对立，它反映的是自然的条理性和社会的规范性。① 事物的条理、有序建立在对规律、规则的遵守之上。根据规律、规则形成的方式，秩序可以分为自然秩序和社会秩序。自然秩序由客观自然规律所决定，是宇宙的自然法则，如斗转星移、昼夜更替、寒来暑往、春生夏长、秋收冬藏。它不以人的意志为

---

① 徐锦中：《说秩序》，《道德与文明》1995 年第 5 期。

转移，为宇宙万物所普遍遵守，人们唯有适应而无法改变它。社会秩序由社会规则（如法律、规章制度、道德规范等）所决定，它是人们在社会生活中根据对社会发展规律、社会关系等的认识所形成的关系模式、结构和状态。经济秩序、政治秩序、生活秩序、交通秩序等，都属于社会秩序。生活秩序作为社会秩序的一种，是指生活的次序、生活的条理，即人的生命活动的有序性。也就是说，人的生命活动需依循一定的规则、规范而进行——不是单个人对规则、规范的遵循，而是全体社会成员对规则、规范的遵循；不是人们各自遵循不同的规则和规范，而是人们普遍遵循共同的规则和规范。生活秩序不像自然秩序那样具有普遍性——不同国家、不同民族之间的生活秩序不尽相同，即便是同一国家内部，对于既有的生活秩序，社会成员的看法和态度也不尽相同甚至对立。

生活秩序由何而来？人类思想史上大致存在以下几种具有代表性的观点：第一，“天”是生活秩序的来源。中国传统文化无一不认为生活秩序源自“天”。道家的“天”指的是自然。老子说：“人法地，地法天，天法道，道法自然。”① 也就是人类社会的秩序应当效法自然，去除任何的人为痕迹。儒家的“天”在指自然的同时，更是指自然运动变化的规律性，但是儒家赋予这种规律以伦理道德的属性。儒家认为：“天命之谓性，率性之谓道，修道之谓教。”②董仲舒言：“王道之三纲可求于天，天不变，道亦不变。”③ 宋明理学则提出了“天道”和“天理”，它既是宇宙的秩序，同时也是人类社会的生活秩序。这似乎可以印证弗洛伊德的观点：“秩序却是从自然界模仿而来的。人类通过对浩瀚的天体规模的观察不仅发现了把秩序引入生活的模式，而且也找到了这种做法的出发点。”④ 第二，“神”是生活秩序的源头。在各种宗教中，“神”是宇宙万物的主宰，它不仅创生和支配自然界，而且创生和支配人类社会。人以及人类社会的一切规则无不出于神的意志。《圣经·出埃及记》记载了神（耶和华）如何让摩西将刻在石板上的戒律昭示给人类的故事；《古兰经》也详细记载了真

① 《老子》第二十五章。

② 《中庸》。

③ 《春秋繁露·基义》。

④ ［德］弗洛伊德：《文明及其缺憾》，合肥：安徽文艺出版社，1987年版，第35页。

主安拉为人类颁布的各种行为规则和律法。第三，生活秩序源于人们相互间订立的契约。这是西方契约论的主要观点，代表人物有格劳秀斯、斯宾诺莎、霍布斯等。他们认为人拥有自利、自保的自然权利，人为了更好地实现自己的自然权利，出于理性的思考，人们相互之间订立契约，国家和社会于是形成，而这种契约也就表现为各种各样的秩序和规则。第四，生活秩序源于人的社会性需要。马克思主义认为，人就其本质是社会性的存在。这种社会性与人类相伴始终。人类历史的第一个前提就是有生命的个体的存在，个体的生存首先要解决的就是吃、穿、住、用等物质生活资料的满足，而这就必须依赖生产劳动。在生产劳动的过程中，人们之间相互合作，结成了社会关系。人们在社会关系中必然产生利益关系，为了调节人与人之间、人与社会之间的利益关系，维系社会的稳定与存在，人类在客观上需要一定的规则与秩序，故社会关系的存在是生活秩序产生的必要条件。

生活秩序对于人类社会意义重大。其一，生活秩序的建立有助于人的生存与发展。人的生存与发展依赖于人与人之间的合作：利用自然、改造自然的生产劳动需要合作，商品交换需要合作；“人对人是狼”的“自然状态”是不可能存在的。合作的顺利进行需要秩序的建立。其二，生活秩序具有强大的整合性和凝聚性。社会就像一部列车，人就像是列车上的各个部件，部件正常工作、相互配合，列车就能正常行驶。而将各个部件整合、凝聚在一起的则是“规律”“规则”。社会由个体的人组成，每一个个体都有可能成为一股“离心力”，使社会陷于混乱。生活秩序则有助于将每一个个体拧成一股“合力”，维系社会的稳定与存在，推动社会的发展。俗语“不以规矩，无以成方圆”，讲的也是这个道理。其三，良好的生活秩序有助于增进人际信任，促进社会和谐。秩序是一种强迫性的重复①，在一定的生活秩序之下，人们的生命活动（一定范围内）保持着一致性、连续性和确定性。面对任何事情，人们无须犹豫不决，他们只需考虑规则要求自己“应在何时、何地以及如何做”即可，这样“人们能够在最大限度内利用时空，同时又保持了他们的体力”②。而当人们的生命活动都是

① ［德］弗洛伊德：《文明及其缺憾》，合肥：安徽文艺出版社，1987 年版，第 35 页。

② ［德］弗洛伊德：《文明及其缺憾》，合肥：安徽文艺出版社，1987 年版，第 35—36 页。

一致的、连续的、确定的，其生命活动也就因此成为可以预见的。任何人对于他人在特定的场景之下会做出怎样的道德选择，会采取怎样的道德行为，完全可以有根据地进行预期。可以预期的道德活动有助于减少人们内心的道德恐慌和相互之间的道德猜疑，增进人们之间的相互信任，促进社会的和谐。

由于生活秩序是人的创造物，受人的认识的局限，人们制定出的生活秩序不一定总是合乎社会发展规律，据此，生活秩序也就有了“正当”与“不正当”之分。当然，生活秩序的正当性具有相对性和时代性。我们不能简单地说，现代社会的生活秩序具有更大的正当性，而古代社会的生活秩序是不正当的。判断生活秩序的正当与否，应当以是否符合社会发展规律、是否能够促进人与人、人与社会的和谐相处为标准；或者说，正当的生活秩序应当能够实现各方面利益的协调与平衡，促使社会良序发展。

由于生活秩序是人为制定的，因此生活秩序不具有唯一性，也不具有固定性。它不仅时常为一些人所违反，而且随着社会条件的变化，生活秩序也会发生相应的变化，旧有的生活秩序被打破，新的生活秩序得以建立。但是，无论生活秩序如何变化，它都必须符合社会发展的规律，也只有那些符合规律的生活秩序才能被继承和保存下来。人类社会从原始社会经过奴隶社会、封建社会、资本主义社会发展到社会主义社会，每一次社会形态的更替都伴随有生活秩序的更替，而每一次生活秩序的更替都使得生活秩序更加符合社会发展的一般规律，如文明代替野蛮，平等代替等级服从，民主代替专制。而且其中也有符合社会一般规律的生活秩序被继承了下来，直至现在仍然为人们所遵循，如孝敬父母、尊师重道、诚实守信等。

综上所述，生活秩序作为人的生命活动所遵循的规律、规则的总和，其作用和意义在于维持人类社会生活的有序。生活秩序越是能够符合社会规律，就越是能够长久。即便如此，违反生活秩序者始终有之。如何维系生活秩序，也就成为任何社会都必然面对和需要解决的问题。

（二）生活秩序的维系方式

维系生活秩序就是要实现生活秩序的有效性。只有生活秩序是“有效的”，它才能够对人们的行为发挥指导和规范作用。生活秩序的有效依赖于三个方面的因素：人们对秩序的认同与自觉遵守，社会制度的强制，习俗的保障。第一个因素为“纯粹的内在因素”，后二者为外在的“保障因素”。①

1. 个体自觉

自觉，用孔子的话说，就是“克己复礼”，即克制一己之私欲，使言行符合规则、规范。克己复礼的实现，依靠的是人们较为坚强的意志力，因而是“内在因素”。但“内在因素”不会仅仅停留于意识领域，而是通过控制人们的行动落脚于对现实社会关系的调节，从而实现对生活秩序的维系，使生活秩序有效。

生活秩序的有效意味着它为人们所普遍遵守。从个体的角度而言，当然依赖于人们对生活秩序的自觉维护；也就是说，人们对于生活秩序的认知和态度决定着他们对生活秩序的遵守或违反。如果人们对于生活秩序有深切的认同，自然能够自觉地按照生活秩序的要求进行生命活动，从而使生活秩序得以维系。

对生活秩序的自觉遵守并不意味着行为者一定有着高尚的道德品质，因为，人们对于生活秩序的认同和自觉遵守可以出于多种原因。马克斯·韦伯概括了以下三种因素：“纯粹感情因素”“价值理性”和“宗教因素”。“纯粹感情因素，如出于感情的献身精神”；“价值理性，即相信该秩序表现了个人负有义务的最终价值，如风俗的、美学的或任何其他价值，并相信它的绝对有效性”；“宗教因素，如相信对救赎物的占有依赖于对秩序的自觉遵守”。② 其实，这三种因素都是人的价值理性作用的结果，即他认为生活秩序是某种价值的体现，对生活秩序的遵守符合某种特定的价值，而这使他的行为富有“意义”。例如，传统儒家认为人道效仿天道，对人道（“三纲五常”“天理”）的遵守不仅仅是对天道的服从和遵从，更是对人的现实自我的超越，是对至高道德境界的追求，是人之为人所应具备的道德价值。因此，儒家向来重视个体在公序良俗建设中的作用，主张自孩童之时就应学习“洒扫应对之礼”，15 岁后则应以“明明德”“亲民”“止于至善”为旨归，归根结底，其落脚点始终是停留于个体身上，并且主要依靠的是个体的道德自觉和身体力行。宗教中，神灵创设的生活秩序体现着神圣的价值，对生活秩序的遵守意味着对神灵的敬仰和信奉，同时也是实

① ［德］马克斯·韦伯：《社会学的基本概念》，上海：上海人民出版社，2000 年版，第 48 页。

② ［德］马克斯·韦伯：《社会学的基本概念》，上海：上海人民出版社，2000 年版，第 48 页。

现人自身价值、向着理想之境趋近的现实途径。正是由于生活秩序本身蕴含着深刻的意义和价值，人们基于对这些价值的尊重和深信不疑，从而自觉地遵守相应的生活秩序，于是才有像张载一样“为天地立心、为生民立命，为往圣继绝学，为万世开太平”的生活秩序的自觉捍卫者。

其实，人们除了因价值理性而自觉遵守生活秩序外，工具理性也是一个重要的影响因素。出于工具理性自觉遵守生活秩序意味着人们并不认为生活秩序本身具有某种超越价值，而是认为对生活秩序的遵守可以为自身带来某种利益和好处，或者可以使自身避免不利和害处。例如，一个人在公共场所自觉地维护公共卫生，不随地吐痰、不乱扔纸屑、不吸烟，可能并非出于对健康优美的环境本身所具有的意义和价值的认同和保护，而仅仅是出于避免破坏公共卫生受到罚款或其他处罚，从而给自己带来经济上的损失或者脸面的丢失。一个从事商品贩卖的人兢兢业业、勤勤恳恳地工作，可能并不是因为他多么地认同自己职业的意义和价值，而仅仅是由于勤恳的工作可以为自己带来更多的收益，从而使自己及家人过上更好的生活。当然，获取或损失的利益也可以是具有精神价值的利益，如荣誉、声誉等。然而，无论如何，他们遵守、维护生活秩序的自觉性不是来自于生活秩序本身，而是来自于生活秩序之外。当来自于生活秩序之外的利益和好处不再存在，人们遵守生活秩序的自觉性也将极大受挫，并终将难以维持。可见，当人们出于工具理性的考虑自觉遵守生活秩序时，人们的自觉性的形成有赖于秩序有效性的实现。

如上所述，影响人的自觉精神形成的因素包括价值理性和工具理性两个方面。事实上，对个体发挥作用的，不是纯粹的价值理性或纯粹的工具理性。一般情况下，两种理性共同发挥作用，不过是孰重孰轻罢了。价值理性和工具理性之间也会相互影响。当价值理性坍塌时，工具理性会随之坍塌；当工具理性坍塌时，价值理性也会有所动摇。同样我们不能因此说，由价值理性所形成的自觉精神要优越于由工具理性所形成的自觉精神。人的自觉精神的培养和巩固，既需要价值理性的滋润，也需要工具理性的支撑。生活秩序只有是“正当的”、合理的，体现进步价值，才更能为人们所真正认同。而对“正当的”“好的”生活秩序的遵守能为人们带来现实的利益，促进生活的幸福，又能够强化人们对生活秩序的认同和遵守。因此，不能一味地强调人们道德素质的提升，我们同时也要反思现实的生活秩序是否能够经受人们价值理性和工具理性的审判。

虽然说以个体的自觉作为生活秩序的重要维系方式有助于实现秩序与生活的有效结合，但是我们不得不承认，人也是感性的、自然的个体存在，人在遵守规则、规范的同时，也会有对抗规则、规范的冲动。因此，以个体为中介，依靠个体道德意志、道德信念维系的行为始终不可能持久，即使是孔子最得意的弟子颜回也只能勉强做到“其心三月不违仁”，更何况在现代社会中，人们面临着日益增多的各种诱惑，能做到洁身自好、守身如玉就更为难能可贵。可见，仅仅依赖个体的努力还不足以实现道德与日常生活的稳定融合，但是不容否认的是，即使在社会生活发生重大变动、道德沦丧之时，仍然有一部分人能够坚守道德，使道德仍然与特定个体自身的生活实践相融合，人们仍然可以从部分个体的生活实践中反观道德的存在。

2. 制度强制

既然仅仅依靠“内在因素”即仅仅依赖于人的自觉无法完全保障生活秩序的实现，那么，在它之外再辅以外在因素的保障就显得尤为必要。

制度就是维系生活秩序的重要“外在保障”，也是生活秩序的重要体现形式，是生活秩序的具体化、操作化。生活秩序所蕴含的价值往往通过制度加以体现。例如，中国古代社会尊卑有等的生活秩序被制度化为“君为臣纲、父为子纲、夫为妻纲”以及各种礼制①的规定，现代社会生活秩序中“平等”的价值要求则通过宪法以及其他法律的相关条文加以确认和保障，课堂纪律则由校规校纪来加以保障。通过制度，可以反观其试图维系的是何种生活秩序。对制度的违反意味着对其所维护的生活秩序的破坏。

制度对生活秩序的维系是通过外在“强制力量”实现的。“强制班子的存在”② 是制度区别于其他强制力量的重要特点。如果说人的自觉、习俗都是一

---

① 《礼记·曲礼》载：“凡为人子者，冬温而夏清，昏定而晨省。在丑夷不争。……为人子者，居不主奥，坐不中席，行不中道，立不中门；食飨不为概，祭祀不为尸；听于无声，视于无形；不登高，不临深；不苟訾，不苟笑。”显然，这是父母与子女之间尊卑地位在礼制上的反映。

② ［德］马克斯·韦伯：《社会学的基本概念》，上海：上海人民出版社，2000 年版，第 50 页。

种强制力量的话，那么，自觉和习俗强制力量的实现更多的是依赖舆论的褒扬或贬斥，而这是没有固定的专门执行强制职能的队伍的。在此方面，制度明显不同。制度包括法律和各种规章制度，如校规校纪、党规党纪、工作纪律、宗教教规等。它们都有实施强制力的专门班子来维系制度的实施，维系法律的专门班子为国家暴力，维系校规校纪的专门班子为学校教师，维系党规党纪的专门班子为各级党组织，维系工作纪律的专门班子为单位管理人员，维系宗教教规的专门班子为宗教组织。当人们的行为有违制度的规定，就会受到“专门班子”人员的强制惩罚——批评、记过、开除乃至法律制裁。这样，制度借助于外在专门的强制力量对生活秩序予以维系。因为制度有专门强制力量作为后盾，因此其在维系生活秩序方面发挥着强有力的作用。

以制度保障生活秩序的有效，依赖于制度本身有效性的实现。制度对生活秩序的维系一方面依赖于体现生活秩序价值内涵的制度对人们行为的正向指引；另一方面依赖于“专门班子”对违反制度要求的人的坚决制裁。对于一个“正当的”秩序而言，其有效性的实现依赖于两个方面：制度本身的健全和完善以及制度的有效执行。如果制度未能跟上社会的发展，存在诸多漏洞，而又补救不及时，就极易被人们钻空子，降低制度的威严。如果制度得不到有效执行，形同虚设，违反制度的人不仅没有受到惩罚，反而能够比遵守制度的人获利更多，那么，不遵守制度就会成为一种习惯。如果绕开或违反制度成了常规，制度的效力便很有限，甚至不再存在。① 吴思这样提道：“正式规则‘软懒散’，潜规则就要支配官场。”② 当制度不能发挥应有的作用，当制度形同虚设，“潜规则”就获得了滋生的温床，在社会生活中大行其道，从而扰乱生活秩序。

3. 习俗保障

“俗者，习也。……人居此地，习以成性，谓之俗焉。”③ 习俗，就是人们在长期的共同生活中逐渐形成的相对稳定的习惯和风俗，它通常通过人们习惯

① ［德］马克斯·韦伯：《社会学的基本概念》，上海：上海人民出版社，2000 年版，第 45 页。

② 吴思：《潜规则：中国历史中的真实游戏》，上海：复旦大学出版社，2011 年版，第 83 页。

③ ［北朝］刘昼：《刘子·风俗》。

性的思维观念以及行为方式表现出来。习俗中同样包含着人们对于生活秩序的某种价值追求。在法律产生以前的前文明社会，习俗在维系生活秩序中发挥着主体作用；在法律产生以后的文明社会，习俗仍然是维系生活秩序的重要工具。

习惯和风俗都是生活秩序的体现，它们所体现的是对生活秩序的习惯性重复。如高兆明所言，习惯所表现出来的是人们对生活秩序的“重复”“练习”，它“实乃是主体通过形成一种行为秩序（或行为样式）而形成一种心灵秩序（或心灵内容），这种行为秩序是心灵秩序的呈现。在这个意义上，习惯是心灵秩序与行为秩序的直接统一”。风俗则是一种“集体性习惯”①，体现着人们对于生活秩序在心灵上和行动上的认同。由于是习惯的、约定俗成的，而且是心灵与行动的高度统一，因此，以习俗为指南所形成的秩序要远比以制度为指南所形成的秩序稳定——只要该秩序尚未受到人们价值理性的质疑。

同制度一样，习俗也是生活秩序得以维系的外在保障，但是习俗有与制度不同的方面：其一，制度是“死”的，习俗却是依“人”而在的，而且它是人们在长期的生活中所形成的某种生活秩序的沉淀和累积。它不仅为人们所共同认同，而且为人们习惯性地默默遵守，因此它对于生活秩序的维系往往是在人们不经意之间完成的。其二，习俗虽然在客观上也是一种外在强制，但是其强制力量的发挥更多的是依赖于社会舆论、周遭人的态度和评价，而非依赖于像制度所拥有的“专门班子”的存在。虽然如此，习俗的强制力量决不会比制度（如法律）的强制力量要弱。相反，违反习俗的行为往往能带来极有影响的敏感后果，其强烈程度，超过了任何法律强制所能达到的地步。② 因此，相较于对制度的违反，人们更难于违反习俗。当制度与习俗相冲突时，人们更倾向于制度让位于习俗。一个从来不缺课的学生极有可能在参加姐姐（哥哥）婚礼的请假条未获批准的情况下选择逃课。对于这种违反制度的行为，人们不仅不会予以苛责，反而会认为制度不合理或者制度的执行者太过不近人情。可见，通常情况下，习俗相较于制度具有更大的有效性。当然，如果习俗已不符合社会发

① 高兆明：《论习惯》，《哲学研究》2011 年第 5 期。

② ［德］马克斯·韦伯：《社会学的基本概念》，上海：上海人民出版社，2000 年版，第 49 页。

展的需要，无法得到人们的普遍认同，习俗就必然失去它的有效性。

综上所述，生活秩序的维系依赖于主客观两个方面的因素，这两个方面的因素相互影响。人的自觉性的发挥需要制度、习俗的“正当性”和“有效性”作为支撑；制度、习俗对生活秩序的维系也需要人的自觉性作为保障。就制度和习俗而言，二者的关系也较为复杂。第一，制度和习俗作用的领域相互交织。虽然二者发挥作用的领域各有侧重：非日常生活领域是“制度化领域”（A. 赫勒），主要依靠法律和行政秩序等社会制度加以维系和调节；日常生活领域是“经验化领域”，它“本质上是一个习惯世界、习俗世界”，日常生活的秩序主要依靠习俗——任何经验、常识化的东西最终都表现为人们的习惯——加以维系，但是二者的界限也并非泾渭分明。一方面，社会制度的有效执行可以改变和引领习俗；另一方面，习俗也会成为社会制度实施的重要影响因素。一直以来，我们对于社会制度在维系生活秩序方面的作用给予了高度的重视，却没有充分认识到，在实际的社会生活中，习俗在维系生活秩序过程中也发挥着十分重要的基础作用，并且在很大程度上，习俗也是社会制度发挥实际作用的基础。人是有理性的动物，这并不表示人时刻都要进行理性的分析和理性的计算，在很多情况下，人们是凭借习惯、习俗——理性思考的结果——进行思维和判断，其行为是出于不假思索的习惯性选择，这使生活的效率大为提升。如果“没有大量的习惯、传统、惯例，生活就不能顺利地展开，人的思维就不能这样迅速地（往往是绝对必要的）对外部世界作出反响”。① 即使是在非日常生活这一“制度化领域”，社会生产和再生产的顺利进行同样需要习俗作为支撑。这种习俗既包括制度所规定的行为方式，也包括制度以外的如“对群体的责任”“对他人的信任”等。正是这些习俗，使社会制度得以激活，并且保证了社会制度的正常运转。② 因此，对于习俗在维系生活秩序中的作用，我们应当予以重视。第二，社会制度与习俗的价值内涵、价值指向并不必然一致，习俗可以保证社会制度的正常运转，也可以“架空”社会制度，使之难以真正发挥作用。由于

① 乔治·卢卡契：《审美特性》第 1 卷，北京：中国社会科学出版社，1986 年版，第 27 页。

② ［美］弗朗西斯·福山：《信任：社会美德与创造经济繁荣》，彭志华译，海口：海南出版社，2001 年版，第 14 页。

社会制度与习俗形成的机制并不相同，社会制度是国家、社会组织通过一定的程序有目的地制定的，而习俗是自然演化而来的，或者说是人们在长期的共同生活中基于某种共识自发形成的，所以二者的价值内涵和价值指向并不必然一致。社会制度是国家、社会组织将人们通过道德思考形成的价值、原则以制度的形式加以确认和推行，它的价值内涵和价值指向在一般情况下是与社会经济基础相适应的社会主流价值。社会经济基础一旦发生变化，社会制度必然随之变化，其价值内涵和价值指向也必然发生变化。习俗由于是人们在生活过程中自发形成的，不同地域、不同民族甚至不同群体有着不同的价值观念，因而其价值内涵千差万别。由于习俗具有较强的稳定性和惯性，所以容易滞后，并亦陷于保守，正如恩格斯所言："在一切意识形态领域内传统都是一种巨大的保守力量。"① 因此，在社会生活的特定历史阶段，往往存在这样的现象：与主流价值相适应的习俗尚未形成，旧的、陈腐的、落后的习俗依然存在，同时，这些陈腐、落后的习俗又借助现代社会条件不断变异生成新的恶俗，它们共同在社会生活中长期发挥着重要作用，影响着甚至在一定程度上决定着人们的思维和习惯性价值选择。由此，社会制度所规定的道德习惯与人们借助习俗所实际表现出来的道德习惯并不一致，或者说，两种形式的生活秩序的价值依据不同，导致了二者所规定的道德生活的景象存在冲突。而在这一冲突中，如果社会制度的执行不能获得强有力的支持和保障，习俗就会依据它的强大力量将社会制度架空，使道德生活沿着它的价值指向进行。

优良的社会制度如果没有与之相匹配的习俗，或者如果习俗本身失去了道德意义、道德功能，其结果就可能是社会道德建设停留于表层，理想的道德生活仍然只是理想，现实的道德生活却成为不道德的生活。所以，构建理想道德生活，除了加强社会制度的完善和执行力度之外，还必须"以风俗为首务"，注重对社会习俗的引导和治理。倘不深入民众的大层中，于他们的风俗习惯，加以研究，解剖，分别好坏，立存废的标准，而于存于废，都慎选施行的方法，

① 《马克思恩格斯选集》第4卷，北京：人民出版社，1972年版，第253页。

则无论怎样的改革，都将为习惯的岩石所压碎，或者只在表面上浮游一些时。①

二、生活秩序与道德生活的关系

道德生活的构建依赖于具有相应道德意义、道德价值的生活秩序的确立和运行，而生活秩序的现状将会直接影响道德生活的景象。

（一）道德生活是有序的生活

道德生活是有序的生活，是按照一定的道德理念设计的秩序生活。道德本身就是一种秩序的设计，是对人与人、人与社会应有关系的设计。道德生活的有序表现为人们具有固定化、模式化或者习惯化的包含特定价值取向的道德行为方式，从而使人们的道德行为可以合理预期。

有人认为，道德与生活是浑然一体的，道德不离生活，生活不离道德。其实不然。道德与生活的关系十分微妙，二者既合且分，有合有分。由于有合，所以人们能够过道德生活；由于有分，所以人们又必须寻求道德与生活的完全融合。

道德作为一种社会意识形态，是以善恶评价的方式调整人与人、人与社会之间相互关系的标准、原则和规范的总和，是人们"实践—精神"地把握世界的一种特殊方式。它既是客观的，又是主观的；既是观念（精神）的，又是现实（实践）的。其客观性表现为，道德是人们基于对人与人、人与社会、人与自然等各种社会关系的认识而形成的客观的道德规则，其内容来源于客观的生活世界，并且随着人的生活世界的不断拓展，其内容也不断更新和丰富。其主观性表现为，道德作为一种社会意识，必须进入人的主观领域，与人的认识、情感、意志、信念等心理因素相结合，成为道德认识、道德情感、道德意志、道德信念等观念性存在。进而，人们在这些道德意识的作用下从事道德实践活动。由于道德即客观即主观，并且最终要主观见之于客观，因此，道德与生活的融合就必然要求体现为人们在观念上对道德的接受和在实践上对道德的践履。从这个意义上说，道德不仅源自生活，而且还需要一个回归生活、与生活相融

① 鲁迅：《二心集·习惯与改革》，见《鲁迅文集》第11卷，长春：吉林文史出版社，2006年版，第23页。

合的过程。

实现道德与生活的完全融合是相当重要的。道德只有与人们的生活相融合才真正具有意义。这不仅是道德的本质使然，也是道德的目的使然。道德的目的就在于推动个体的自我完善，以及实现对现实生活中个人之间、个人同社会群体之间的关系的调节。人与人之间、个人与社会群体之间良好社会关系的形成归根结底有赖于生活于社会中的个体的道德实践，个体道德实践的水平又取决于个体道德自我完善的程度，而无论是个体的道德实践，还是个体的自我道德完善，都是现实生活的重要组成部分，离开了现实的生活，道德就无所依存，道德的功能就无法发挥。

实现道德与生活的融合，还要尤其注意实现道德与日常生活的融合。日常生活相对于非日常生活而言，二者的区别在于：日常生活“以个人的家庭、天然共同体等直接环境为基本寓所”，大致包括个体的日常消费活动、日常交往活动以及日常观念活动。在日常生活中，个体进行着重复性的思维和重复性的实践，也就是说日常生活中的个体所进行的活动是不假思维、自然而然的。而非日常生活则主要是指政治、经济、公共管理以及人类精神生产或人类知识领域。在非日常生活中，人们通常要进行积极的思考以及自觉而有目的的创造性实践，个体的行为往往建立在个体对人与人、人与社会之间的关系进行仔细思考的基础之上。固然，道德体现着人的主观自觉，“择善而从”反映的是个体坚定的道德意志，但是“从心所欲不逾矩”则是更为高深的道德自由境界，它意味着道德已经成为人们的一种习惯，融入了人们的日常生活之中。加强公民道德建设，无疑要提升人们的道德自觉，但是使道德融入人们的日常生活，使实践道德成为人们习以为常、不假思索的“重复性实践”活动也是一项十分重要的内容。

可见，人之所以有道德生活，还是在于人类的生活需要秩序，需要依靠秩序来协调各种利益关系。因此符合这一需要的道德生活当然是一种合乎秩序的生活。

（二）道德思考影响生活秩序

道德思考作为道德生活的基本形式之一，对价值的确认和追求，对于生活秩序的内容及其变化有重要的影响。

首先，对道德价值的肯定和追求可以影响制度与习俗的内容。对道德价值的追求本质上就是对善的追求，也就是对一种理想的生活秩序的追求，制度和习俗就是善的固定化表现形式，因而制度和习俗都内在地包含着某种道德价值，都是某种道德价值的体现。中国传统节日“中秋节”就包含着“合家团圆”的含义，“重阳节”包含尊老、敬老的风尚。现代社会的社会保障制度则体现着人道、公平、正义等价值观念。制度、习俗中所包含的这些道德价值不是自生的，而是人们进行道德思考的结果。一定时期之内，人们有着怎样的道德思考，对于社会制度的制定以及社会习俗的形成都产生着重要的影响。春秋时期，礼崩乐坏，生活秩序陷于混乱。于是，诸子百家兴起，对整治生活秩序进行思考。法家的思想为秦始皇所采纳，实行“严刑酷法”；儒家的思想为汉武帝所采纳，开始了“德治”传统，儒家的许多道德观念，如孝、信、等级尊卑等，都通过制度得到确认和保障，举孝廉制度、“丁忧”① 制度、父子相隐制度都是孝道观念的体现。现代社会，人们追求平等、重视权利，对平等、权利的漠视会激发人们强烈的不满并转而成为推动他们改变旧制度、建立新制度的强大力量。关于乙肝病毒携带者是否享有平等就业权的思考，最终形成了禁止对员工主动进行乙肝检查的制度。可以这样说，如果没有人们积极的道德思考（包括对理想生活秩序的向往以及对现实生活秩序的批判），社会不会进步，制度和习俗也都会变得毫无“人味儿”，丧失对人们的基本吸引力。

其次，对制度与习俗所蕴含的道德价值的反思，可以影响制度与习俗的实现。生活秩序通过人的行为展现，人的行为受思想意识的支配。人们对现存制度与习俗中所蕴含的道德价值是否认同，直接影响着制度与习俗能否为人们自觉遵从，进而影响到现实的生活秩序。前文已述，人们对于规则、规范并非盲从，而是对之进行反思性遵守。当人们的价值观念与制度、习俗中所蕴含的价值观念相契合时，人们自觉维系这种生活秩序的自觉性就比较高；而当二者的价值观念相违背时，人们就更容易做出不遵守制度与习俗的举动，对既有生活秩序构成挑战。当前，一些人崇尚自由、权利，追求个性，对于义务、责任缺少担当，对于规则、规范不屑一顾，认为这是对人的束缚。当灾难来临时，他

① 即朝廷官员的父母如果去世，无论他担任何种官职，都必须回到祖籍为父母守制 27 个月。

们选择了弃他人于不顾而自我保全。也有一些人追求个人权利，而将尊老爱幼、乐于助人的美德抛诸脑后，不为身边的老弱病残孕让座，并且振振有词："我也是买了票上车的！"显然，只顾自我保全，过分强调个人权利，与舍己救人、明确自身责任与义务反映的是两种截然相反的生活秩序，而坚持何种生活秩序，做出怎样的道德行为选择，与个体的道德意识和道德素养息息相关。

再次，对制度和习俗所包含的道德价值的怀疑和否定，可以导致制度与习俗的变更。一旦思想的武器为人民大众所掌握，就会成为社会变革的巨大推动力量。制度与习俗的变更，生活秩序的变革，往往由价值观念的变革所引发的对制度、习俗的批判开始。人们具有批判性的道德思考往往是生活秩序变革的前奏。资产阶级在"自由、平等、博爱""天赋人权"等价值观念的指导之下，展开了推翻封建专制统治的斗争，使人们的平等权利得到了宪法的确认和保障，使人权开始在国家层面上获得了尊重。空想社会主义者对资本主义社会的批判以及马克思、恩格斯科学社会主义的建立及其对资本主义剥削秘密的揭露，激发了人们对资本主义制度的反抗，建立了社会主义制度的国家，生活秩序又为之一变。

道德思考作为一种精神活动并不仅仅停留于精神领域，它必然通过人转化为一种对现实生活进行影响和改造的强大力量。道德思考的方向如何将影响（决定）社会发展变革的方向。

（三）生活秩序塑造道德习惯

生活秩序不仅反映着特定的价值诉求，而且是人们的行动依据，规定着人们的价值选择和行为方式。在这个意义上，生活秩序规定着人们的道德习惯。生活秩序如何，道德习惯也就如何，人们也就过着怎样的道德生活。因此，在创设新的生活秩序、构建理想道德生活的实践中，必须努力实现生活秩序的价值诉求与理想道德生活的价值要求的统一，如果仍然沉溺于人们习以为常的旧有的生活秩序，那么构建理想道德生活的实践就势必枉然。

如前所述，生活秩序通过制度与习俗得以具体化，因此，生活秩序塑造道德习惯功能的发挥主要通过制度与习俗来实现。

首先，制度借助于其"专门班子"的强制力量使制度中蕴含的道德观念、价值观念通过人们特定行为模式体现出来，从而使人们在制度的指引和强制下，逐渐形成相应的道德习惯，将道德贯彻于生活之中。

人们在生活中遵奉何种道德，固然在一定程度上依赖于个体的选择，但是要使该种道德在社会生活中为人们所普遍接受、奉行，则远非个体力量所能达到，而必须借助于制度的力量。就个体而言，道德习惯的养成最初也依赖于外在的强制，儿童因为害怕遭到家长、老师的惩罚而不随便欺负同伴（家规和校纪发挥了作用），久而久之，形成了团结友爱的道德习惯。就社会整体而言，也是如此。“室内公共场所禁止吸烟”“严禁随地吐痰”，违者罚款，这些制度的制定与严格执行使一些国家（如新加坡）的国民逐渐养成了良好的道德习惯。随着我国相应制度的制定以及执行力度的加强，我国公民良好的道德习惯也能够得以养成。正如前所述，制度功能的发挥依赖于制度有效性的实现。“如果一个官员每天在固定时间内上班，那么，这不仅仅是（但也可能是）由于他养成的习惯（风俗），也不仅仅是（但也可能是）由于可以或不可以由他随意决定的自身利害关系，而且是（一般也是）由于作为指南的秩序（规章制度）的‘有效性’。”① 由此可见制度在道德习惯形成过程中的重要性。

制度有以法律、规章等形式表现出来的正式制度，也有以传统、风俗等形式表现出来的非正式制度。道德既可以借助正式制度与日常生活融合，也可以借助非正式制度与日常生活融合。其具体方式就是社会将道德精神贯彻于一定的制度之中来激励或强制人们遵守。因此，个体虽说是遵守制度，但实际上同时也是在奉行制度中所蕴含的道德精神。这样，道德就通过制度的强制进入了人们的生活。反之，如果制度执行不力，未被人们普遍遵守，那么，制度就仍然只是游离于生活之外的死物。

其次，习俗借助于其习惯性的力量，将习俗中蕴含的道德观念、价值观念通过人们习惯性的行为模式体现出来，促成人们道德习惯的养成。

习俗与道德、生活联系紧密。一方面，风俗就存在于人们的生活之中，通过人们的活动得以展现；另一方面，习俗与道德密切相关，表现为对人们行为的一种约定、规范，英语中的“道德”（morality）一词就起源于拉丁语中的

---

① ［德］马克斯·韦伯：《社会学的基本概念》，上海：上海人民出版社，2000 年版，第 43 页。

"mores"，为"风尚""习俗"之意。事实上，由于原始社会时期人们的理性思维能力尚不发达，还不能以概念、原则的方式表达道德的存在，因此，原始道德更多的是以风俗习惯、原始禁忌等感性直观的形式存在。例如，在原始社会的早期，男女之间是一种杂乱的性交关系，父母子女之间、兄弟姐妹之间都可以"通婚"，这种"姊妹曾经是妻子"的行为习惯，在当时是完全"合乎道德的"①。随后，随着人们认识的加深，逐渐排除了父母子女、兄弟姐妹之间的通婚，并形成了相应的"禁忌"，成为人们所遵奉的习俗。可见这种习俗本身包含着深刻的道德内容。

包含有道德内容的习俗在潜移默化之中使人们养成了践行某种道德规范的行为习惯。关于习俗的潜移默化功能，荀子曾经这样做过论述：

> 注错习俗，所以化性也；并一而不二，所以成积也。习俗移志，安久移质。并一而不二则通于神明，参于天地矣。故积土为山，积水而为海，旦暮积谓之岁。至高谓之天，至下谓之地，宇中六指谓之极，涂之人百姓积善而全尽谓之圣人。彼求之而后得，为之而后成，积之而后高，尽之而后圣。故圣人也者，人之所积也。人积耨耕而为农夫，积斫削而为工匠，积反货而为商贾，积礼义而为君子。工匠之子莫不继事，而都国之民安其习服。居楚而楚，居越而越，居夏而夏，是非天性也，积靡使然也。故人知谨注错，慎习俗，大积靡，则为君子矣；纵性情而不足问学则为小人矣。
>
> （《荀子·儒效》）

荀子的如上表述充分揭示了：第一，习俗可以"润物细无声"地改变人性、人的志向以及人的生活习惯，"近朱者赤，近墨者黑"也是此理；第二，习俗对人性乃至人的习惯的影响并非一蹴而就，而是日积月累熏染的结果，并且这种影响浸人心骨，根深蒂固；第三，习俗的影响如此之强，因此我们应当"慎习俗"。

一般而言，在影响人们道德习惯的形成方面，习俗较制度更胜一筹。因为

---

① 《马克思恩格斯选集》第4卷，北京：人民出版社，1995年版，第32页附注。

制度主要是借助于它的强制性将其内涵的道德推行于现实生活，在制度得到切实贯彻的情况下，人们的道德习惯可以逐渐形成，而当制度形同虚设时，由于其强制力的丧失，制度中所蕴含的道德在生活中难以得到贯彻，其对人们行为的指导作用也就削弱。习俗虽然也具有强制力，但这种强制是一种“自觉的强制”，人们会在不知不觉中遵守习俗中蕴含的道德法则。因而，借助习俗，有助于人们道德习惯的稳定和牢固。在中国历史中，我们经常可以看到：虽然制度健全，但如果风俗败坏，则人心大乱、世道大乱；反之，有时虽然制度不健全、不好，但风俗好，则日常生活中的道德仍然可以维系。对此，明末清初的顾炎武在其《日知录》中有较为详细的论述。

顾炎武认为，“风俗者，天下之大事”①，风俗是人文道德的关键、重要载体和表现，其好坏是社会治乱的根本原因。如果风俗败坏，则会道德沦丧，最终导致叛乱兴、国家亡。例如，宋明时期，在社会风俗结构中具有决定意义的士大夫之风以及吏风令人惨不忍睹。士大夫傲慢、骄横，“不知以礼饬躬”②；官吏腐败，隐秘、间接的交相贿赂变为公开、直接的贿赂，羞耻之心荡然无存。是故顾炎武发出感慨：“《小雅》废而中国微，风俗衰而叛乱作矣。”③ 反之，良好的风俗可以使国家倾而不颓，决而不溃。东汉光武帝致力于改造风俗，他“尊崇节义，敦厉名实，所举用者莫非经明行修之人”，使“风俗为之一变”，“党锢之流、独行之辈，依仁蹈义，舍命不渝，风雨如晦，鸡鸣不已”，以至于东汉末年，虽然“朝政昏浊，国事日非”，“桓、灵之间，君道秕僻，朝纲日陵，国隙屡启，自中智以下，靡不审其崩离”，然而政权却“倾而未颓、决而未溃”，范晔以为此“皆仁人君子心力之为”，即良好的风俗发挥作用所致。对于范晔的这种归因，顾炎武十分赞同，评价其“可谓知言者矣”。④

可见，习俗在塑造人们的道德习惯方面，其作用较制度更为直接也更为有效。因为制度依赖于自上而下的执行，由于制度本身或者制度执行者的原因，有时可能还没有转化为人们的行动，而风俗本身就存在于人们的生活之中，表

① ［明］顾炎武：《日知录·廉耻》。
② ［明］顾炎武：《日知录·流品》。
③ ［明］顾炎武：《日知录·清议》。
④ 以上皆出自［明］顾炎武：《日知录·两汉风俗》。

现为人们习惯性的行为方式，它与人们的行为是紧密相连的。因此，从这个意义上来说，塑造人们良好的道德习惯，必须注重对习俗的引导和控制，努力使习俗成为优良道德的载体，使习俗成为优良习俗。

综上所述，制度和习俗两种生活秩序的有效实施都有助于人们道德习惯的养成。但是，“有效的”生活秩序并不等同于“正当的”生活秩序。如果不正当的生活秩序成了现实有效的生活秩序，就会促成不良道德习惯的养成。假如权力、金钱、人情、关系，归根结底，个人利益的无条件满足成为人的行为的支配力量，并且“以自己和他人赤裸裸的利害关系为依据所产生的行为”① 具有了规律性，成了人们的习惯，那么生活秩序反而失去了其存在的合理性基础，会逐步陷于混乱。因此，我们在重视以生活秩序塑造人的道德习惯时，必须注意的前提条件是：应使“正当的”生活秩序成为“有效的”生活秩序，促成人们良好道德习惯的养成；同时，反过来，以人们良好道德习惯作为维系正当生活秩序的保障。

---

① ［德］马克斯·韦伯：《社会学的基本概念》，上海：上海人民出版社，2000 年版，第 41 页。

第三章

“礼”与中国古代社会道德生活的构建[①]

中国古代社会的道德生活主要是在儒家的道德理念的影响下构建起来的。透过它我们可以看到儒家的道德理念、道德主张在古代社会生活中得到了较为全面而充分的贯彻。儒家伦理思想与生活世界的高度统一，不仅得益于儒家伦理思想与中国古代社会的生产方式、社会结构相适应，而且得益于儒家学者及统治者阶层自觉地将儒家思想向生活世界渗透以使之成为现实生活秩序的努力。在这一过程中，“礼”发挥了重要作用，成为传统道德向生活世界渗透的重要媒介。

一、中国古代社会道德生活概述

不同时代、不同民族在道德文化、道德理念上的差异决定了他们的道德生活必然呈现出不同的样态和风貌，并且表现出不同的特征。

（一）中国古代社会的道德思考

任何道德生活都反映着特定的道德理念，都是特定道德理念渗透于生活世界的结果，而道德理念源自人们自觉的道德思考，是人们基于特定的生产方式

① 读了吴思的《潜规则：中国历史中的真实游戏》之后，对此章的研究产生了这样一种怀疑：是否将中国古代社会的道德生活过于理想化了？确实，中国古代社会中存在有大量的潜规则（主要在官场之中），道德生活中也存在着诸多不尽如人意之处，但是毋庸置疑，古代思想家（尤其是儒家代表人物）的道德思考借助于儒学官学地位的确立以及统治阶级的大力推行，必然会对人们的道德习惯产生影响，从而在现实道德生活中得到投射和反映。因此，如果说吴思揭示的是中国古代道德生活中“潜”的一面，那么，我们在此试图揭示的则是中国古代道德生活中“显”的一面——无论是“潜”还是“显”，都是从某个侧面来揭示历史的真实，都具有意义。

而形成的对道德关系的自觉认识。作为文明古国之一的中国，与其他东方文明古国一样，同属于“亚细亚的生产方式”，他们在进入文明社会时仍然带有氏族制度的残留，这种特殊的经济形态使得东方各国具有某些共同的社会特征：土地国有，农村公社，中央集权。然而在实际的生活之中，由于不同民族认识生活的角度、揭示生活的方法、对待生活的态度存在差异，于是形成了各具特色的民族文化。如梁漱溟先生所言：“中国文化是以意欲自为调和、持中为其根本精神的。印度文化是以意欲反身向后要求为其根本精神的。”① 中国文化是“入世的”，印度文化是“出世的”。当然，中国传统文化内部亦非铁板一块。春秋战国时期，周王室的衰微及诸侯势力的增强使原有的生活秩序被打破，“周礼”被践踏，各诸侯国之间频繁的战争使得人们不得不重新思考生活秩序的重建。此时，诸子百家蜂起，纷纷提出了各自的道德主张，以期在自己的主张之下建立理想的生活秩序，重构理想的道德生活。儒家力主发挥道德的力量，复“周礼”，行“仁政”，充分发挥人的道德自觉和道德自律。法家以人性为自利，否定道德的作用，强调应以法律来对人们的行为进行约束和规范，对于违反法律的行为给以严厉的制裁。道家则力主破除一切道德之名，回到“如婴儿之未孩”的质朴的自然状态，他们的主张分别在不同的历史阶段被统治者所采用。秦一统天下后，法家思想被奉为国策，实行严刑酷法，却二世而亡。汉初道学受统治者追捧，坚持无为而治、与民休息，生产得到恢复。至汉武帝，在董仲舒的建议下，“罢黜百家，独尊儒术”，儒学成为显学，成为统治阶级的意识形态，在之后的两千年间，儒学在塑造国民性格、国民心理等方面发挥了重要的作用，它的价值理念、价值原则直接影响着中国古代社会的道德生活，并且使之在总体上呈现出与儒家文化相同的特征。

1. 生活秩序的价值核心：尊卑有等

自从原始公有制为私有制所取代，人与人之间的平等关系就被打破，人们在等级、身份、性别、行业等诸多方面开始存在高低贵贱之分。儒家认为，明确人与人的尊卑贵贱之分，是做人的头等大事：“亲亲、尊尊、长长，男女之有

① 梁漱溟：《东西文化及其哲学》，北京：商务印书馆，1999 年版，第 63 页。

别，人道之大者也。”① 而在荀子看来，人之所以为天下贵，就在于人能够“群”，这种“群”又是建立在人有“分”的基础之上——人因为能够明辨身份地位，知道各安其位，所以能够相互合作，和谐共处。② 显然，维系尊卑有等的生活秩序，是儒家的根本道德主张，也是其基本的价值追求。他们将这种主张贯彻到了社会生活的方方面面。

首先，儒家从社会阶级、阶层方面将人划分为不同的等级。人的尊卑贵贱首先表现为等级之分。对于这一点，统治阶级的思想家毫不讳言。孟子极力赞成将人分为“劳心者”和“劳力者”，并且认为二者之间统治（“治人”）与被统治（“治于人”）、剥削（“食于人”）与被剥削（“食人”）的关系是“天下之通义”③。《左传》一书则明确指出了当时社会生活中的十大社会阶层以及他们之间的尊卑等级关系：“天有十日，人有十等。下所以事上，上所以供神也。故王臣公，公臣大夫，大夫臣士，士臣皂，皂臣舆，舆臣隶，隶臣僚，僚臣仆，仆臣台。”④ 当然，随着社会关系的变动，具体的社会等级也有所变化，原本地位卑贱的庶民通过科举考试可以步入社会上层，而原本地位高贵的富贵之家也可能因为劫数而沦为庶民。然而无论个人的社会地位如何变化，不变的是统治者与被统治者之间、统治者内部之间的尊卑关系始终存在，王公大臣始终为尊，黎民百姓始终为卑；君主始终为尊，臣子始终为卑。卑者在尊者面前应当表现出应有的卑躬，而无论年纪之大小。而且一般情况下，维系等级尊卑之礼是绝对不容僭越的。春秋时期鲁国大夫季孙氏僭行天子之礼制，“八佾舞于庭”，孔子大骂：“是可忍也，孰不可忍也。”⑤

其次，儒家根据人的社会身份来区分等级尊卑。古代社会，父母、丈夫对于子女、妻子拥有绝对的权威；子女、妻子不具有独立的人格价值，他们分别是父母、丈夫的附属物，“故父者子之天也，夫者妻之天也”⑥。父母拥有主宰

---

① 《礼记·丧服小记》。
② 《荀子·王制》。
③ 《孟子·滕文公上》。
④ 《左传·昭公七年》。
⑤ 《论语·八佾》。
⑥ 《仪礼·丧服》。

子女的婚配嫁娶甚至生死存亡的大权，此所谓"父母之命，媒妁之言"，"父要子亡，子不得不亡"。郭巨为了对老母亲尽孝，欲将自己年仅三岁的儿子活埋，郭巨的孝行令其名满天下，后人将其孝行记录并编纂为"二十四孝"，流传后世，为万世学习的榜样。鲁迅先生在读了郭巨的故事之后辛辣地感叹道："我最初实在替孩子捏一把汗，待到掘出黄金一釜，这才觉得轻松。然而我已经不但自己不敢再想做孝子，并且怕我父亲去做孝子了。"① 父对子的绝对权力由此可见一斑。夫妻之间亦是如此。夫妻之间并不是权利、义务对等的关系。"夫有再娶之义，妇无二适之文"②；丈夫可以"出妻"③，妻子则毫无结束婚姻关系的权利，只得嫁鸡随鸡、嫁狗随狗。夫死，妻子须守丧三年；妻死，丈夫只须守丧一年。④

再次，人们在性别上也有尊卑贵贱之分。恩格斯曾言："母权制的被推翻，乃是女性的具有世界历史意义的失败。"⑤ 人类社会自进入文明时代，男权得以确立，女性开始处于男性的绝对统治之下，男尊女卑的思想随处可见，并且得到了理论上的论证。例如，"妇人有三从之义，无专用之道，故未嫁从父，既嫁从夫，夫死从子。"⑥ "男女之别，男尊女卑，故以男为贵。"⑦ "妇，服也。从女，持帚洒扫也。"⑧ 男女之间的尊卑关系在生活之中得到具体的体现。据《诗经》记载，对于生男生女，人们的态度截然不同。生了男孩，"载寝之床，载衣之裳，载弄之璋"；生了女孩，则"载寝之地，载衣之裼，载弄之瓦"⑨。

最后，儒家还从职业上界定人的等级尊卑。中国古代社会生活中主要有四

---

① 鲁迅：《二十四孝图》，《鲁迅全集》第2卷，北京：人民文学出版社，1981年版，第435页。

② 班昭：《女诫》。

③ 据《大戴礼记·本命》载，如妻子"不顺父母""无子""淫""妒""有恶疾""口多言""窃盗"，丈夫可以休掉妻子，此谓"七出"。

④ 见《仪礼·丧服》。

⑤ 恩格斯：《家庭、私有制和国家的起源》，《马克思恩格斯选集》第4卷，北京：人民出版社，1995年版，第54页。

⑥ 《仪礼·丧服》。

⑦ 《列子·天瑞》。

⑧ ［东汉］许慎：《说文解字》，南京：江苏古籍出版社，2001年版，第259页。

⑨ 《诗经·小雅·斯干》。

大社会阶层：士、农、工、商。四者之中，士的地位最高，为“四民之首”，而“工技役于人，近贱；医卜之类又下一等；下此益贱”①。正是由于士的地位最高，所以人们总是试图通过各种途径成为这一阶层中的一员：富有的商贾往往用钱捐个官做，以此提升自己的身份地位；出身寒门的孩子则发奋读书，以期他日高中步入仕途。而农业虽然受到高度重视，但是农民的社会地位并不高，他们是国家赋税和徭役的主要承担者，是剥削和压迫的主要对象。

在古代社会，除了人们的身份、性别无法改变之外，通过“举孝廉”、科举制、捐官等制度的设置，人们的社会等级和职业是可以改变的。但是无论如何，特定等级之间的尊卑贵贱是固定的。这种等级尊卑表现于道德生活的层面，就是人们在生活中遵循着各自的道德规定和道德要求，如父慈子孝、兄友弟悌、夫义妇顺，等等。人们的行为都具有特定的模式，而这些模式则反映着特定的道德价值。由此看来，“三纲”实为中国古代社会尊卑有等社会现实及需要的高度概括，而尊卑有等的道德观念也成为人们有意识的自我约束。

2. 义利之间的价值选择：重义轻利

在义与利的关系问题上，重义轻利可以说是中国传统文化的一贯价值取向。重义轻利还是见利忘义，是君子与小人、圣人与盗跖相区别的重要标志。孔子以为，“君子义以为上”②，“君子喻于义，小人喻于利”③；孟子也指出：“鸡鸣而起，孳孳为善者，舜之徒也；鸡鸣而起，孳孳为利者，跖之徒也。欲知舜与跖之分，无他，利与善之间也。”④ 对于梁惠王，孟子更是发出“王何必曰利”的感叹。当然，儒家也并不一味地反对利，而是主张以义制利，见利思义，不谋不义之利。虽然南宋时期，陈亮、叶适推崇功利主义，但是他们所追求的“利”仍然是民族、国家之大利，是“公利”，而非一己之私利。因此，从本质上而言，他们推崇的仍然是道义，只是他们更加强调道义应当通过实事、实功等有益的效果体现出来，而不能停留于“终日袖手谈心性，临危一死报君王”。

---

① 《张杨园先生全集·训子语上》。转引自冯尔康，常建华：《清人社会生活》，天津：天津人民出版社，1990 年版，第 3 页。

② 《论语·阳货》。

③ 《论语·里仁》。

④ 《孟子·尽心上》。

即便是明清之际反理学的思想家，如戴震、李贽等人，虽然承认并肯定人“有私”“有欲”，但是他们只是肯定人的个性及人的欲望的合理性，并未因此走上功利主义或者个人主义。

3. 公私之间的价值取向：尚公抑私

中国进入文明社会的独特路径使得原始社会的氏族制度得以遗留，并构成了中国古代社会结构的重要特点，人始终是血缘宗法组织中的人而非独立的个体。此外，农业生产所需要的集体灌溉以及防洪设施的修建在客观上强化了人与人之间的合作意识。相应地，人们的个体意识较为薄弱，整体观念较为强烈。早在西周时期，人们就提出了“以公灭私”（《尚书·周官》）、“夙夜在公”（《诗经》）等“尚公”的理念。儒家文化与此相契合，倡导尚公抑私，“立公去私”、“破私立公”。公即是整体利益，私即是个人私利。至于为何要“立公去私”，《礼记·孔子闲居》载：“天无私覆，地无私载，日月无私照。奉此三者，以劳天下，此之谓三无私。”天地日月均泽被天地万物，没有任何私心，人亦应当秉承天道，做到无私。由此看来，“立公去私”是天人合德的内在要求和表现。尚公的具体要求就是要重视“民”、社稷、国家的利益，不以一己之私利凌驾于“公利”之上。

4. 人生追求的价值指向：自我完善

中国传统文化中，无论是儒家还是道家，抑或是佛教，都极为强调个体的道德修养，以此实现人的自我超越，不断向理想道德人格趋近。儒家的“成圣成贤”，道家的“自然无为”，佛教的“涅槃”境界，是他们所追求的道德理想，或者说是至高的道德境界。人们要达至此境界，必须坚持不懈地进行自我道德修养。孔子所言：“为仁由己，而由人乎哉?”① “我欲仁，斯仁至矣。”② 道家主张的清心寡欲，佛教倡扬的“明心见性”，强调的都是人们的道德自觉。受这种文化的熏陶，人们十分重视自身的德性养成，追求自我道德的完善。当然，由于受不同文化的影响，人们追求自我道德完善的目标和具体途径又有所不同。

---

① 《论语·颜渊》。

② 《论语·述而》。

儒学影响下的人追求的是“修齐治平”的“内圣外王”之道，在现实的道德生活中，他们注重以儒家的道德规范、道德原则（如仁义礼智信忠孝）进行自我约束、建功立业。儒学经典《大学》开篇即言：“大学之道，在明明德，在亲民，在止于至善。”其阶梯就是“格物”“致知”“诚意”“正心”“修身”“齐家”“治国”“平天下”。在儒家看来，自我的道德完善是与对他人、对国家社稷的贡献紧密相连的。他们主张，“穷则独善其身，达则兼济天下”①。可见，每日“三省吾身”② 以实现自身品格的养成，还并不是自我道德完善的最高目标，其最高目标乃是齐家治国平天下，从而使天下之人都生活于阳光雨露之下。因此，信奉儒家学说的人在儒家精神的指引之下，多积极入世，关心国家、民族、人民的命运。

道家崇尚自然，追求返璞归真；强调身重于物，因而重视养生。他们追求的理想道德人格是无知无欲无争、纯任自然、与天地之大道合。对于一切的人为、技巧乃至道德之名，他们都持否定的态度，不为礼法所拘并不意味他们不讲道德，只不过他们追求的是自然的道德之实。因此他们追求自我道德完善的途径就与儒家有很大的不同。在道学的影响之下，人们不喜干预世事，多归隐山林，过着“采菊东篱下，悠然见南山”的怡然自得的生活。在这种寄情于山水之间的自然生活中平和自己的心性，实现与自然的合一。魏晋时期，道学盛行一时，道家的人格理想对于当时的名士（如“竹林七贤”）产生了极大的影响。他们崇尚自然、不拘礼法。阮籍和嵇康是“竹林七贤”最具代表性的人物。史籍载，阮籍“才藻艳逸，而倜傥放荡，行己寡欲”,③ “旷达不羁，不拘礼俗”④，“喜怒不形于色。或闭户视书，累月不出；或登临山水，经日忘归”；嵇康“土木形骸，不自藻饰……天质自然。恬静寡欲，含垢匿瑕”⑤。从这些记载中可以看出，“不见可欲”，恬静寡欲，追求自由，不拘礼法，正是他们追求自我道德完善的现实之路。

---

① 《孟子·尽心上》。
② 《论语·学而》。
③ 《三国志·魏志·王粲传》。
④ 《三国志·魏志·王粲传》裴松之注引《魏氏春秋》。
⑤ 《晋书·嵇康传》。

佛教认为宇宙万有皆“空”，如果不能明了这一点而陷入对世俗生活和事物的无止尽的追求，人们就会永远无法跳出痛苦的境遇。因此佛教主张人们逃离俗世，遁入空门。佛教认为人人都有佛性，人们只要潜心修行，明心见性，即可顿悟成佛。佛教还为人们的祸福寻找答案——因果报应，从而引导人们行善。因此，信奉佛教的人或入寺庙或在家里吃斋念佛，一方面为了了悟佛理，顿悟成佛；另一方面在现实生活中践行佛理，慈悲为怀，普度众生。当然，在这一过程中，他们还需要谨守戒律，不断修持，修身养性。唯有如此，方能修成正果，实现自我道德的完善。

综上所述，无论是在何种伦理思想的影响之下，由于中国古代伦理思想都十分强调个体德性的养成，因而在现实生活中，人们都比较注重自我道德的完善，只是具体的途径和手段有所不同罢了。

（二）中国古代社会的道德习惯

儒家的道德思考勾勒出的是理想道德生活的概貌，中国古代社会的道德习惯反映的则是道德生活的真实。中国古代社会具有普遍性、习惯性的行为模式主要有：

1. 严格等级

在等级尊卑的思想观念的影响之下，人们已经习惯于对等级尊卑的自觉维护，身份、等级意识较为浓厚。在交往过程中，人们首先确定自己的身份地位，然后决定是以尊者还是以卑者的态度来对待对方：在尊者面前，谦恭有礼；在卑者面前，端庄有节。否则，狂放自傲、自轻自贱都不免有失身份。

在这种严格的等级观念之下，一方面，人们自觉并严格遵守等级尊卑制度，尊者对于卑者拥有绝对的权威，卑者服从尊者，从而整个社会维持着君君臣臣、父父子子的等级秩序；另一方面，人们又在试图寻找等级制度的缝隙，使尊者手中的权力成为自己谋利的工具。

尊卑地位总是相对的。在同一场域之中，参照对象不同，人的尊卑地位也就不同。例如，相对于乙，甲是上级，为尊；相对于丙，甲则是下级，为卑；在儿子面前，是父母的身份，为尊；在父母面前，是子女的身份，为卑。在不同场域之中，适用标准不同，尊卑地位也有差异。职场中，以职位高低为标准，甲是尊者；家庭中，以辈分为标准，甲是卑者。于是，不管在外面多风光，官儿有多大，回到家中，都不可能凌驾于父母之上。父母对子女有绝对的权威。《红楼梦》中贾政身为朝廷命官，面对贾母，也只得唯唯诺诺。尊卑地位的相对性意味着每个人都有自己的“短板”，都有自己的“克星”。这就为卑者“俘获”、利用尊者提供了机会和可能。其通常的手段就是借助于比尊者地位更高的人（上级或者长辈尤其是父母）对尊者施加压力，使其就范。那么，如何才能获得比尊者地位更高的人的帮助呢？在宗法血缘关系十分浓厚的中国，人情关系实在是十分奏效的工具。你可以不给上级面子，但是不可不给亲人面子。不给上级面子，可能会丢掉饭碗；不给亲人面子，则会失去立身之地——换言之，前者关乎的是生活问题，后者关乎的是生存问题。于是，在人情关系之下，等级尊卑变得并非那么牢不可破。借助于人情关系，卑者获得了利用尊者手中权力的机会。

显然，在等级制度之下，一方面是等级间的有序状态；另一方面则是在宗法血缘关系下的无序状态。这种有序和无序贯穿于中国古代社会始终，并且在当代中国仍然有其残存和影响。

2. 重视整体

对于整体的重视在居住方式上表现得最为直观。中国古人习惯于聚族而居，具有血缘关系的同姓的个体家庭世世代代生活于共同的村落，这是一种以血缘关系为纽带结合起来的特殊的社会组织形式。他们或同居共财，或同居异财，共同维系着血缘大家庭。南朝晚期，湖州沈氏“宗族数千家”①；清朝同治年间，江西建昌府南丰县洽溪杨氏“聚族而居，近二千户”②。说明聚族而居确实是中国古代社会人们习惯性的居住形式。即使时至今日，一姓一个村子或者一姓几个村子的情形仍然大量存在，类似“刘楼村”“袁家岭”“侯家塘”这样的地名则是同姓同族聚居的地理证明。居住形式上的这一特征体现出同一宗族就是一个利益共同体。作为利益共同体，需要一定的组织形式加以维系，因此各宗法血缘组织一般都设立宗祠、修订族谱，并且制定族规族约，由宗族之中有身份、有地位的族人掌管。在这种组织形式下，如果有人违反了族规族约，或

---

① 沈法兴传．旧唐书：卷56。

② 同治《建昌府志》卷10《轶事》。

者做出了人所不齿的事情来，族人在族长的主持下，有权对之进行惩罚，以维系整个宗族的名誉和利益。可见，在宗法共同体中，任何个体都不是独立的存在，他始终是利益整体中的一分子。这种组织形式在客观上强化了人们的整体观念。但是，对整体的重视，也带来了一个负面的结果——裙带之风。对此，林语堂曾这样指出：“中国的任何一个家庭都是一个共产主义的单位……互相帮助发展到了一种很高的程度。”① “一人得道，鸡犬升天”说的就是这种情形。儒家以孝亲为根本，并且认为“身体发肤，受之父母，不敢毁伤，孝之始也。立身行道，扬名于后世，以显父母，孝之终也”（《孝经·开宗明义》）。显然，个人利益必须与家庭、家族利益联系起来，才具有意义。故而在中国人的思维习惯和行为习惯中，与亲人同享富贵，为之谋利益，使之沐浴在自己的恩泽之中，是再自然不过的事，也是理所应当的事；不这样做，反倒是不近人情的。这股习惯力量如此巨大，如果不加以革除，“任何不屈不挠的改革势力，不管其用意多么崇高，最终都会证明是失败的”②。

对整体的重视还表现为人们在关乎国家、民族利益时的习惯性选择。在“杀身成仁”“舍生取义”的价值观指导下，人们自觉地担负起对于国家和民族的义务，乐于并勇于为维护国家、民族利益而牺牲自我。至于个人的权利，则较少关注。

3. 推崇道义

重义轻利反映在道德习惯方面，主要体现为人们对道义的推崇。

在时常与“利”打交道的商人的经济活动之中，道义占有十分重要的地位，儒家精神对于商人的品格塑造及其商业活动的开展都产生了十分重要的影响。中国古代社会的商人由于受传统文化尤其是传统儒家文化的影响，“见利思义”、“不谋不义之利”、博施济众、扶危济困的道义精神在他们身上打下了深深的烙印③。在求利的商业活动之上，他们认为还应该有某种超越的目的，这种超越的目的就是儒家的伦理精神。据《史记》记载，范蠡助越王勾践灭吴之后，辗

① 林语堂：《中国人》，上海：学林出版社，1994 年版，第 185 页。
② 林语堂：《中国人》，上海：学林出版社，1994 年版，第 186 页。
③ 这并不意味着中国古代社会中没有奸商。

转来到陶地，人称陶朱公，开始“治产积居”，并且乐善好施，“十九年之中三至千金，再分散于贫交疏昆弟”①，所以司马迁称之为“富好行其德者”②。宋以后尤其是在明清时期，中国商业得到了很大的发展，商业日益受到重视，商人的社会地位随之提高。即使是在这一时期的商业活动中，人们仍然十分重视伦理道德对商业活动的规范，强调商人应当遵从“商道”，其中最为紧要的莫过于“诚信”二字。明朝商人樊现笃信“天道不欺”，坚持诚信经营，关于自己的经营之道，他这样总结道：“贸易之际，人以欺为计，予以不欺为计，故吾日益而彼日损。’③ 乔家复字号是晋商的杰出代表。据载，乔致庸得知自家店掌柜在胡麻油中掺了假后，当即贴出告示，告知购买了他家胡麻油的顾客来退货、退钱，并将剩余的掺了假的胡麻油以灯油的价格贱价出售。乔致庸此举使乔家复字号迅速在当地建立起了声誉。当有生意往来的商家陷入经济困境时，对其欠债，乔家是能免则免，这也使之在同业中赢得了良好的口碑。乔家复字号不过是晋商中的一个典型代表，其实，就晋商整体而言，也是十分讲求信义的，以至于当年英国汇丰银行的一位经理如此评价晋商：说在与晋商长达十几年的经济交往之中，所涉金额高达几十亿两白银之巨，却从来没有遇到过一个骗子。中国古代商人不仅在经济活动中崇奉道义，从而为牟利的世俗经济活动注入了超越的精神追求，而且他们还十分注重商人之间的互相扶持和帮助。明清时期，商人之间团结的重要纽带就是这一时期兴建起来的大量工商业会馆。会馆一般具有地方性，它的功能包括为同乡商人提供住宿；当遇到困难时，可以向会馆寻求帮助；保护同乡商人的利益；等等。所有这些都反映出中国古代商人并不都是“孳孳为利”者，他们也有道德追求，并以所信奉的道德理念指导谋利行为。

中国古代社会对道义的推崇还表现为人们对公共事业、慈善事业的热衷。重义轻利的价值取向使人们在日常生活之中不忘对他人的关心和帮助。虽然为富不仁者有之，但是也有相当一些有产者“乐善好施”，喜“义举善行”，他们

---

① 《史记·货殖列传》。

② 《史记·货殖列传》。

③ 康海：《扶风耆宾樊翁墓志铭》，见《康对山集》卷三十八。转引自余英时：《中国近世宗教伦理与商人精神》，合肥：安徽教育出版社，2001 年版，第 238 页。

修桥补路，设亭施茶，赈灾施粥……此外，在聚族而居的宗族社会群体之中，也有部分宗族设“义庄”，有能力的人为宗族捐钱、捐田，成为宗族财产，为本宗族的族人提供生活帮助。在中国古代社会中，创建最早、存在时间最长、影响最大的当属范仲淹于北宋皇祐二年（1050）创建的“范氏义庄”。范仲淹怀揣“先天下之忧而忧，后天下之乐而乐”的抱负，不喜奢华享乐，却喜施与，周济他人。当其地位显耀之时，家中仍似贫贱时的用度，“不识富贵之乐”；得到的赏赐都分给部下；在苏州，以其剩余之俸禄买下田产，名曰“义庄”，为族人提供必要的生活资料以及经济帮助，如口粮、衣料、婚姻费、丧葬费、科举费、住宅，等等。范仲淹死后，其子范纯仁继承父亲心愿，继续办义庄，接济几百户贫困人家。范氏义庄维持了八百余年，此间范氏子孙先后制定并完善了义庄的规矩，诸如：“诸房丧葬：尊长有丧，先支一十贯，至葬事又支一十五贯；次长五贯，葬事支十贯；卑幼十九岁以下丧葬通支七贯，十五岁以下支三贯，十岁以下支二贯，七岁以下及婢仆皆不支。乡里、外姻亲戚，如贫窘中非次急难。或遇年饥不能度日。诸房同共相度诣实，即于义田米内量行济助。”①虽然它的保障水平有一定限制，但是它至少保证了本族人衣食无忧。清朝时期，也有大量义庄存在，但是它不再为同宗所有族人提供生活资料和物质帮助，而是只资助贫穷的族人，这使得“矜寡孤独废疾者皆有所养”成为可能。义庄的设置充分体现了宗法血缘大家庭内部虽然有等级森严、礼法严酷的一面，但是也有崇尚道义、温情的一面。

在宋代，由于不抑兼并，贫富差距日益拉大。这时，受传统道德的影响，很多有识之士积极践行扶危济困的仁义行为。这一现象延续整个宋代并在元代得到发展。据《宋书》卷九十一《孝义传》记载，南朝时期会稽山阴人严世期，“好施慕善”。“同里张迈三人，妻各产子，时岁饥俭，虑不相存，欲弃而不举。世期闻之，驰往拯救，分食解衣，以赡其乏，三子并得成长。同县俞阳妻庄年九十，庄女兰七十，并各老病，单孤无所依，世期衣饴之二十余年，死并殡葬。宗亲严弘、乡人潘伯等十五人，荒年并饿死，露骸不收，世期买棺器殡埋，存育孩幼。”如此义举得到褒奖：“元嘉四年，有司奏榜门曰：‘义行严氏之

① 楼钥《义宅记》，《吴郡志》卷14。

间’，复其身徭役，蠲租税十年。”另据《元史》卷一百五十九记载，宋子贞看到“饥民北徙，饿殍盈道”，遂“多方赈救，全活者万余人”①。饥荒之年，周显用尽自己积累的粮食救了数千人的命；对于绝粮之家，林元彬以自己的粮食相赠②。

对于贫弱的救济和帮助使人们在公共的社会生活和家族生活中感受到了一丝温暖，在一定程度上改善了人与人之间的关系，对于构建和谐的公共生活秩序创造了条件。

（三）中国古代社会道德生活的基本特征

中国古代社会由于处在自然经济条件之下，农业较为发达。这种经济形式所导致的社会显著特征是：封闭，中央集权。由于社会封闭，所以社会流动性不大，人与人之间的影响较小，思想趋于稳定。由于中央集权，因此政府可以借助强大的国家权力加强对意识形态领域的控制，使人们形成统一的认识，保证意识形态领域的稳定。这些因素使得中国古代社会的道德生活呈现出如下基本特征：

1. 统一的价值认同

中国古代社会的意识形态并不是单一的，在不同的历史时期，多种学说杂糅并存。例如在春秋战国时期，儒、墨、道、法、阴阳等诸子百家争奇斗艳；西汉以后，虽然儒学升为“独尊”，但法家思想并未被完全抛弃，统治者实际实行的是阳儒阴法，外儒内法，同时，道学、佛教分别在魏晋时期、隋唐时期盛行一时，对人们的思想价值观念产生了极大的影响。必须承认的是，不同的学派由于宇宙观、人生观不同，从而导致对于人生价值的看法各异，但是，在一些根本性的价值问题上——例如对于他人的态度、对于物质利益的态度、对于欲望的态度等，它们有着较为一致的价值认同，可以说，它们是同一价值体系下的不同学说。这使得作为治国理念的儒学，较少受到其他价值体系的冲击。

首先，他们都提倡爱人，以营造和谐的人际关系。儒家明确地倡导“仁者

---

① ［明］宋濂：《元史》卷一百五十九。

② 参见苏力：《元代地方精英与基层社会》，天津：天津古籍出版社，2009 年版，第 120 页。

爱人”①，“民吾同胞，物吾与也”②。道家表面上看似乎是否定道德的，但实际上他们追求的是“道德之实”，他们也很强调对百姓的爱。例如，老子就说：“我有三宝，宝而持之：一曰慈，二曰俭，三曰不敢为天下先。”③“慈”就是慈爱，即爱民、善待百姓。唯有如此，才能勇敢，无往而不胜。而善待百姓、抚育百姓正是“圣人”所应当做的。“天地不仁，以万物为刍狗；圣人不仁，以百姓为刍狗。”④ 佛教更是明确地宣扬众生平等，人应当把爱平等地施与芸芸众生，而这主要体现为佛教所主张的“慈悲为怀”。佛教认为，“慈”是万善的根本。“何谓为慈？愍伤众生，等一物我，推己恕彼，愿令普安，爱及昆虫，情无同异。何谓为悲？博爱兼拯，雨泪恻心，要令实功潜著，不直有心而已。”⑤ 可见，佛教所讲的“爱”是一种“大爱”，它不仅指向一切人，而且指向一切生灵。它要求人们“常以仁恕居怀，恒将惠爱为念”⑥，爱护一切生灵，禁绝一切杀戮；对于处于危难之际的人们应当及时给以帮助。由上可见，不同的学派对于“爱”的理解是有差异的，但这并不妨碍他们对于“爱他人”的共同主张。

其次，他们都推崇利人，反对自利。在义与利的关系问题上，儒家向来强调重义轻利，尤其是反对一味地追求个人私利。然而，对“利”的轻视并不意味着对他人利益的否定，相反，“利人”属于“义”的范畴，是儒家所倡导的。道家同样推崇无私、利人。老子言，“上善若水。水善利万物而不争，处众人之所恶，故几于道”，⑦“是以圣人后其身而身先，外其身而身存”。⑧ 可见，在道家看来，无私、利人是最高的善（“上善”），是“圣人”所应为的。佛教更是强调普度众生，《晋真人语录》中有：“若要真行，须要修仁蕴德。济贫拔苦，见人患难，常怀拯救之心，或化诱善人入道修行；所为之事，先人后己，与万物无私，乃真行也。”《太上洞玄灵宝三元品戒功德轻重经》中有：“大慈之道，

① 《论语·颜渊》。
② 《经学理窟·西铭》，《张载集》卷一。
③ 《老子》六十七章。
④ 《老子》五章。
⑤ 晋代郗超：《奉法要》。
⑥ 《万善同归集》卷中。
⑦ 《老子》八章。
⑧ 《老子》七章。

度人为先……夫欲度身，当先度人；众人不得度，终不度我身。”“是以圣人常善救人，故无弃人；常善救物，故无弃物。”虽然佛教也讲“自利”：“应知由自利故，则能利他，非是不能自利而能利他也。”《净土论》认为“自利”是“利他”的前提，但是佛教所讲的“自利”并非追求个人的物质利益，而是指个人的觉悟、觉解；而且，由于佛教从根本上是否定客观世界的存在，认为宇宙万物都是虚幻的空无，所以他们并不主张留恋尘世，更不主张追求物质利益。

再次，他们都在不同程度上否定欲望，主张无欲或者节欲。在欲望的问题上，儒家的态度相对较为温和。他们并不一概地否定欲望，而是主张“寡欲”①“节欲”②。即使宋明时期理学家们提出了“存天理，灭人欲”的口号，这也并不表明他们走向了禁欲主义，因为他们所讲的“人欲”并不是包含人的一切欲望，而仅仅是指与“天理”对立的“私欲”。关于这一点，我们从朱熹的如下言论中可以窥得一斑：“饮食者，天理也，要求美味，人欲也。”③ 正常的欲望是合乎“性”、合乎天理的，当它与一己之私相结合，人就会迷失本性，陷入恶的泥潭。因此对于有流为恶的可能的“欲”应当加以节制。对于欲望，道家和佛教都不做过多的区分，而是一概地持否定的态度。道家指出，欲望最能迷惑人性，“五色令人目盲，五音令人耳聋，五味令人口爽，驰骋田猎令人心发狂，难得之货令人行妨”④，所有的罪恶、祸害其实都源自人的欲望，“罪莫大于可欲，祸莫大于不知足，咎莫大于欲得”⑤。因此道家主张人们“少私寡欲”“形如槁木”“心如死灰”。佛教亦认为人如果处于“无明”状态之中，仍然为各种欲望所驱使，就会处于不尽的痛苦之中而无法超脱。因此，人要摆脱无尽痛苦，首先就要去除各种欲望，做到“六根清净”。唯有如此，经过慢慢修行，才能逐渐了悟佛理，顿悟成佛。

中国古代社会人们的价值观念虽有不同，但是基本的价值观念不仅不冲突，

---

① 《孟子·尽心下》：“君子养心莫善于寡欲。”

② 《荀子·正名》：“凡欲治而待寡欲者，无以节欲而困于多欲者也。”“欲虽不可尽，可以近尽也；欲虽不可去，求可节也。”

③ 《朱子语类》卷十三。

④ 《老子》十二章。

⑤ 《老子》四十六章。

反而体现出一定程度的统一性。这种统一的价值认同尤其表现为社会舆论的统一，即在善恶评价上能够达成共识。不可否认，古代社会生活中也存在大量的恶，可是人们对于它们的道德评价基本是统一的、确定的。这与现代生活有很大不同。现代社会中，对于同一件事，人们往往有不同的道德评价，并由此而引发争论，同时也带给人们困惑。这恰恰说明了现代社会生活中人们缺乏统一的价值认同。人们在价值认同上的统一性客观上消除了价值冲突的可能性，对维系社会的和谐与稳定发挥了积极的作用。

2. 稳定的道德行为模式

在中国古代社会，人们的道德行为模式基本上是固定的，这使得人们的道德行为可以预期。道德行为的稳定性主要表现为以下两个方面：

首先，人们在同一场景之下有着基本相同的道德行为模式，我们可以将之理解为人们道德行为的模式化。一方面，这是由于人们具有统一的价值认同，在价值观念上无明显差异，因而对于同样的利益关系必然做出相同的判断和选择。而在现代社会，由于人们价值观念、道德观念的多元化，面对同一场景，人们所做出的行为选择也是多样的，因而也极易引起道德争议——这已经成为现代社会中一个比较普遍的现象。道德争议的存在说明了道德行为模式缺乏统一性；反过来，缺乏道德争议，道德争议无从产生，恰恰说明了道德行为模式的统一性。另一方面，这是由于社会结构、社会关系相对稳定，人们的生活环境相对简单，相似度很高，面对相同的生活场景，人们极易产生共鸣。在现代社会，社会结构、社会关系趋于复杂，生活环境日渐多样，某些人十分熟悉的场景对另一些人可能十分陌生，表现于道德行为方面，当然也必然呈现出多样性。

其次，个体的道德行为具有相对的稳定性，即道德行为是个体的固定选择，一般不会因时、因地、因人而异。古代社会，人们的活动范围相对狭小、有限，社会舆论对于个体的监督较为有效，个体出于在群体中生存的需要，比较注意自身的道德表现。现代社会，由于活动范围的扩大，人际关系的生疏与复杂，人们做出道德行为也具有了选择性，私人生活领域与公共生活领域、对待熟人与对待生人、对待领导与对待群众、与人相处与个人独处，在如上这些不同的场合，现代人的道德选择是不尽相同的。

3. 价值导向与价值取向的统一

中国古代社会中人们不仅具有统一的价值认同，而且这种统一的价值认同又是与统治阶级的价值导向相一致。换言之，作为统治阶级意识形态的道德观念、价值观念已经普遍成为社会成员个体信奉的道德观念和价值观念，并且通过人们具体的行为转化为了社会现实。以“三纲五常”为核心的封建道德已经深深地植根于民众的心中，并成为指导民众行为的不可移易的准则。这中间的重要原因当然是由于封建社会的道德适应了中国古代社会结构以及利益关系的需要，但是，如果没有人们对封建道德的价值认同，人们也很难形成与价值导向相统一的价值取向。

透过中国古代社会生活可以看到，封建道德提倡重义轻利，人们在生活中则好施义行，鄙视唯利是图之人，乃至到了改革开放之初，人们仍然“谈利色变”、耻于谈利；封建道德提倡忠君孝亲，人们则争做忠臣孝子，并在各地为忠臣建庙（如岳飞庙、关公庙），为孝子立传；封建道德倡导男尊女卑，人们在生活中则自觉遵行“男主外、女主内”，自觉地维护男权，即便是在当代社会，在封建思想残留较多的齐鲁地区以及广大农村地区，男尊女卑的思想观念仍然比较浓重。价值导向与价值取向的高度统一使得中国古代社会的道德生活较为稳定。

4. 较高的道德自觉

古代社会的道德生活的维系主要依靠个体的道德自觉，现代社会道德生活的维系更多地依赖于制度、法律。虽然古代社会也重视法律制度在维系道德生活中的重要作用，但是毋庸置疑的是古代社会强调的是德主刑辅，个体的道德修养以及个体的道德自觉是人们在建构道德生活时的着力点所在。这与我国古代道德的基本主张是一致的。

中国古代道德尤其是传统儒家对于道德的理解并未停留在单纯地对道德规范的遵守，而是更加强调个体在遵守道德规范、道德原则时的精神态度，这种精神态度在儒家、道家、佛教那里都可以表述为“诚”，即对道德的坚定信念和不懈追求，以实现个体的自我超越。在现实的道德生活中，中国古人始终以修身立德作为为人之本，自觉地践行道德原则和道德规范。即使是在困厄之时，也自觉地心向道德，追求“孔颜之乐”。这使得道德生活在古代社会中成为人们的自觉要求，甚至在很多情况下成了人们下意识的生活，是无须刻意为之而自然存在的。

综上所述，中国古代社会道德生活具有高度的统一性、稳定性和个体自觉性。在这种道德生活之中，人们普遍地以统治阶级所倡导的道德原则、道德规范指导自己的行为，处理人与人、人与社会之间的关系，弘扬古代社会道德所提倡的道义精神。所有这些说明，传统道德不再仅仅是理论上的倡扬，更是人们现实的行为活动，传统的道德原则和道德规范已经成功地转化为现实的生活秩序。就此而论，中国古代社会道德生活的构建从总体上来看是比较成功的。

二、礼：传统道德向生活秩序渗透的重要途径

传统道德之所以能够比较成功地从理论转化为人们现实的自觉道德活动，使理想的道德生活转化为现实的道德生活，与中国古代社会对道德生活的成功构建是分不开的。中国古代社会十分重视通过各种途径将传统道德中的道德要求转化为现实的生活秩序，以生活秩序引导人们现实的行为活动。中国古代社会的“礼”制建设，就是传统道德向生活秩序渗透的重要途径，也是古代社会道德生活成功构建的重要原因所在。因为“礼”不仅是伦理精神的集中体现，而且其本身同时也是客观的伦理秩序、生活秩序，是人们进行道德活动的具体指针。

（一）礼：伦理精神的体现

中国素有“礼仪之邦”之美誉。然而人们多以为“礼”就是外在的仪节，是具体的行为规范。其实从广义上理解，“礼泛指典章制度，一切社会规范，以及相应的仪式节文”①。李觏也指出，礼为“法制之总名”②。作为“法制之总名”的礼，也有其内在的道德内涵，并且包含着特定的道德精神。《礼记》中有言：“礼之所尊，尊其义也。”③ 忽视了这些，就忽视了礼的内在本质，礼也就不成其为礼。

---

① 张锡勤：《中国传统道德举要》，哈尔滨：黑龙江教育出版社，1996年版，第176页。
② 《礼论》第五，《李觏集》卷一。
③ 《礼记·郊特牲》。

1. 理：礼内在的道德价值

“礼”是中国古代伦理思想中一个重要的道德范畴，与仁义智信合称“五常”。考其道德内涵，相关论述非常丰富。

> “故礼者谓有理也。”（《管子·心术上》）
>
> “礼也者，理也。”（《礼记·仲尼燕居》）
>
> “礼也者，理之不可易者也。”（《礼记·乐记》）
>
> “视听言动，非理不为，即是礼，礼即是理也。”（《河南程氏遗书》卷十五）
>
> “所谓礼谓之天理之节文者，盖天下皆有当然之理，今复礼，便是天理。”（《朱子语类》卷四十二）

显然，将礼与理等同，是中国古代伦理思想中的一个基本共识。何谓理？管仲言：“别交正分之谓理。”① “理也者，明分以谕义之意也。”② 而宋明理学所讲之“理”则既是宇宙万物运行的规则，也是人类社会所应遵循的道德原则、道德规律，是不可移易的。乍看起来，他们对“理”的理解似乎存有差异，但是无论他们如何理解“理”，他们都承认“理”应当是对等级尊卑秩序的维护，这在管仲的言论中清楚可见，即便是儒家所理解的普遍性的道德原则、道德规律，也包含这一意思。儒家认为人有等级之分，人们应当各安其位、各守其分，这是人类社会的基本规律。至于为什么人与人之间要有等级之分，荀子认为这是人的社会性的需要。“人之生不能无群，群而无分则争，争则乱，乱则穷矣。故无分者人之大害也，有分者天下之本利也，而人君者所以管分之枢要也。”③ 人只有相互区分，各安其位，各守其礼，才能避免纷争。故曰：“礼之用，和为贵。”④ 可见，明确等级尊卑意义重大。人们于是据此制定各种礼仪节文，对行为加以规定和指引，这就是“礼”。

---

① 《管子·君臣上》。
② 《管子·心术上》。
③ 《荀子·富国》。
④ 《论语·学而》。

“上下有义，贵贱有分，长幼有等，贫富有度，凡此八者，礼之经也。”（《管子·五辅》）

“礼者，贵贱有等，长幼有差，贫富轻重皆有称者也。”（《荀子·富国》）

“礼者，人主之所以为群臣寸尺寻丈检式也，人伦尽矣。”（《荀子·儒效》）

“夫礼者，所以别尊卑，异贵贱。”（《淮南子·齐俗训》）

以“理”释“礼”，也就意味着道德规律、道德原则是“礼”内在的本质规定，任何仪节、礼仪甚至制度都应当是特定的道德价值的体现。这种道德价值的一个重要理据就是维系等级尊卑的生活秩序，在等级尊卑的生活秩序中，人们贯彻着孝、信、义等道德规范，体现着封建的伦理精神。

2. 诚：礼内涵的道德精神

“礼”不仅是包含道德价值的道德范畴，而且内在地蕴含着一股强烈的道德精神。这种道德精神是人们遵守礼仪、仪节以及制度的精神支撑。这种道德精神我们称之为“诚”①。作为道德精神的诚，就是指人们向往道德、坚守道德的高度道德自觉精神，它体现的是传统道德的精髓，当然也是礼所蕴含的精神实质。因此，以诚敬之心遵守礼的规定才是真正合乎礼的表现。关于“礼”与“诚”的关系，主要体现在以下两个方面。

首先，“诚”是“礼”的精神实质。在“诚”与“礼”的关系上，儒家认为“诚”是“礼”的源头、根本。周敦颐言：“诚，五常之本，百行之源也。”② 朱熹对此做过评论：“问诚是‘五常之本’。曰：‘诚是通体地盘。’”③ 依此而论，“诚”是更为根本的存在，是“仁义礼智信”得以存在的根据。没有“诚”就无所谓“礼”。所谓“诚”，“主一”之谓也。“一”为天理；“主

① 关于这一观点，笔者在专著《道德的心灵之根——儒家“诚”论研究》中已有详细阐述。

② 《周子通书·诚下》。

③ 《朱子论通书·诚下》，见《周子通书》之附录。

一”就是执着于天理（道德）。“礼”之所设，就是为人们践行天理提供行为指导，其内在包含的就是“诚”的精神。如果人们没有“诚”的精神，没有对道德的执着和孜孜以求，就不可能符合“礼”的道德要求，也不可能成为一个真正有“礼”的人。这意味着，中国古代社会所推崇的“礼”包含着高度的道德自觉和道德自律，是内在道德精神与外在道德行为的高度合一。另一方面，在儒家看来，“诚”也是最高的道德境界，至诚之人就是圣人，他“通身都是这个真实道理”，以至于“或仁或鄙，或夭或寿，皆有以处之，使之各得其所”，并且能“施之一家”，“施之宗族”，“施之乡党”，“施之国家天下”；“鸟兽虫鱼，草木动植，皆有以处之，使之各得其宜”。① 故而至诚之人一定是知礼、守礼之人。由此看来，“礼”的充分展现还必须依赖于“诚”的境界的实现。否则，就仅仅是徒有其表，而无法体现“礼”内涵的伦理精髓。

其次，“礼”是“诚”的外在表现。“诚”作为一种道德精神、道德境界，以“仁义礼智信”为主要内容，以之来支撑其存在。“理一也，以其实有，故谓之诚。以其体言，则有仁义礼智之实；以其用言，则有恻隐、羞恶、辞让、是非之实，故曰：‘五常百行非诚，非也。’盖无其实矣，又安得有是名乎！”② “诚”与仁义礼智实乃相即不离，从实有的角度讲，“诚”就是仁义礼智，仁义礼智就是“诚”，如果没有仁义礼智等具体内容（实），“诚”也就无法存在。然而，以仁义礼智作为主要内容的“诚”不能仅仅停留于一种精神性的存在，它也需通过一定的途径表现于外，其中介也就是仁、义、礼、智、信等，其中，“礼”也是“诚”的外在表现之一。因此，“礼”不仅强调对于礼仪、制度的遵守，更为强调的是人们遵守礼仪、制度时所持的精神态度。

孔子十分重视“礼”，当得知季孙氏僭越礼制，“八佾舞于庭”，大骂“是可忍也，孰不可忍也”。但是，孔子更为重视“礼”所应承载的精神和情感，他认为“丧礼，与其哀不足而礼有余也，不若礼不足而哀有余也。祭礼，与其敬不足而礼有余也，不若礼不足而敬有余也”。③ 另据《礼记》记载，孔子在卫国

① 《中庸三·第二十二章》，《朱子语类》卷六十四。

② 《性理三·仁义礼智等名义》，《朱子语类》卷第六。

③ 《礼记·檀弓上》。

时看到一送葬者，赞叹道“善哉为丧乎，足以为法矣”。子贡问其原因。孔子曰：“其往也如慕，其反也如疑。”子贡不解，曰：“岂若速反而虞乎。”① 陈澔注释云：“往如慕，反如疑。此孝子不死其亲之至情也。子贡以为如疑则反迟，不若速反而行虞祭之礼，是知其礼之常，而不察其情之至矣。”② 显然，在内在真情实感和外在礼仪二者之间，孔子认为内在的由衷的情感是更为根本的，不了解这一点，也就无法了解“礼”的本质。因此孔子对学生子贡“岂若速反而虞乎”的言论不以为然。

既然“礼”是“诚”的外在表现，“礼”的重要功能是表达人们具有道德意义的情感，那么，人们在遵守“礼”的同时，就应该而且必须有情感的真实流露。如果仅有外在的仪节却无应有的情感，也是“失礼”的。《礼记》中有这样的记载：

> 孝子之祭可知也。其立之也，敬以诎；其进之也，敬以愉；其荐之也，敬以欲；退而立，如将受命；已彻而退，敬齐之色不绝于面。孝子之祭也。立而不诎，固也；进而不愉，疏也；荐而不欲，不爱也；退立而不如受命，敖也；已彻而退，无敬齐之色，而忘本也。如是而祭，失之矣。
>
> （《礼记·祭义》）

综上所述，“礼”不仅内含道德价值，而且其本身就是伦理精神、道德情感的外在表现。“礼”与伦理精神的这种密切联系说明，任何“礼”都不仅仅是一种仪式，而是通过特定方式彰显的道德价值和伦理精神。

（二）礼：客观的生活秩序

作为伦理精神的体现的“礼”同时也是中国古代社会客观的生活秩序。《礼记》有云：“礼者，天地之序也。……序，故群物皆别。”③ 中国古代社会讲求尊卑有等，这必然需要在客观的生活秩序——“礼”中表现出来。所以作为客

① 《礼记·檀弓上》。
② 《礼记·檀弓上》之陈澔注。
③ 《礼记·乐记》。

观生活秩序的“礼”的重要功能就是“定亲疏，决嫌疑，别同异，明是非”①，以使人们做到“上下有义，贵贱有分，长幼有等，贫富有度”②，归根结底就是要使人们的言行符合古代社会伦理道德的要求。为了实现这一目的，中国古代社会对于生活秩序进行了细致的设计，给人们的行为活动以有效的指导，实现了伦理道德向现实生活的转化。换言之，就是促使统治阶级所向往的道德生活转化为现实的道德生活。其具体途径就是通过“礼”向仪、法、俗的渗透，实现伦理道德对现实生活的塑造。

1. 礼与仪：伦理道德对行为模式的塑造

伦理道德调控各种社会关系，归根结底需要通过人们现实的行为得以实现，因此，伦理道德转化为现实的生活，其具体表象就是伦理道德对人们行为模式的塑造。“礼”固然不能等同于“仪”，但是“仪”却是“礼”的一种外在呈现，“仪”的一个重要功能就是为人们确立各种行为模式，并且通过这些行为模式彰显伦理道德。

中国古代社会根据不同的场合需要，设置了“五礼”——吉礼、凶礼、宾礼、军礼、嘉礼。“以吉礼祀邦国之鬼神示；以凶礼哀邦国之忧；以宾礼亲邦国；以军礼同邦国；以嘉礼亲万民。”③ 不同的礼表达不同的道德情感——虔诚、仁爱、友善。各种“礼”名目繁多，对人们在特定场合的行为给以规定。诸如：

特牲馈食之礼：

> 不诹日。及筮日，主人冠端玄，即位于门外，西面。子姓兄弟如主人之服，立于主人之南，西面北上。有司群执事，如兄弟服，东面北上。席于门中，闑西阈外。筮人取筮于西塾，执兄弟服，东面受命于主人。……
>
> （《仪礼·特牲馈食礼》）

---

① 《礼记·曲礼上》。
② 《管子·五辅》。
③ 《周礼·春官·大宗伯》。

丧服之礼：

斩衰裳，苴绖、杖、绞带，冠绳缨、菅屦者，父，诸侯为天子，君，父为长子，为人后者。妻为夫，妾为君，女子子在室为父，布总，箭笄，髽，衰，三年。子嫁，反在父之室，为父三年。公士、大夫之众臣，为其君布带、绳屦。……

（《仪礼·丧服》）

晚辈侍奉长辈之礼：

子事父母。鸡初鸣，咸盥漱，栉縰笄总，拂髦，冠緌缨，端韠绅，搢笏。左右佩用，左佩纷、帨、刀砺、小觿、金燧，右佩玦、捍、管、遰、大觿、木燧，偪，屦著綦。妇事舅姑，如事父母。鸡初鸣，咸盥漱，栉縰，笄總，衣绅，左佩纷、帨、刀砺、小觿、金燧．右佩箴管、线纩，施縏袠、大觿，木燧，衿缨綦屦，以适父母舅姑之所。及所，下气怡声，问衣襖寒、疾痛苛痒而敬仰搔之，柔色以温之

（《礼记·内则》）

祭祀之礼：

孝子将祭，虑事不可以不豫；比时具物，不可以不备。虚中以治之。宫室既修，墙屋既没，百官既备，夫妇斋戒沐浴奉承而进之，洞洞乎，属属乎，如弗胜，如将失之；其孝敬之心至也与？荐其荐俎，序其礼乐……

（《礼记·祭义》）

诸如此类，五花八门。可见，中国古代社会的礼仪规定是十分全面而详细的。行礼的先后次序、站立的方位、面对的方向、所穿的衣服、佩戴的器物乃至声音、脸色表情等细节，都有具体的规定。另外，仅仅在《仪礼》《礼记》中就还记录有大量的礼仪。如《仪礼》中的士冠礼，士昏礼，士相见礼，乡饮

酒礼，乡射礼，燕礼，大射仪，聘礼，公食大夫礼，觐礼，丧服，士丧礼，既夕，士虞礼，特牲馈食礼，少牢馈食礼，有司彻，等等。而在《礼记》中也记载有大量的行为规范。

> 为人子者，居不主奥，坐不中席，行不中道，立不中门；食飨不为概，祭祀不为尸；听于无声，视于无形；不登高，不临深；不苟訾，不苟笑。（《曲礼上》）

这些事无巨细的规定虽然烦琐，但是其中无处不向人们传达着古代社会伦理道德的要求，维系着古代社会中等级尊卑、亲亲尊尊的生活秩序。

当“礼”通过礼仪的形式表现出来，一方面，它使“礼”变为可操作化的行为规则，使人们遵守“礼”有了明确的指南，对礼仪的违反意味着对伦理道德的违抗。另一方面，它使人们的行为模式化、固定化。在这种模式化、固定化的行为活动中，伦理道德不断得到重复性强化，人们对道德的敬畏之情也进一步加强。

2. 礼与法：伦理道德向社会制度的转化

“礼”不仅表现为一定的行为规范，而且表现为相应的社会制度，成为依靠强制力甚至是国家强制力加以维系的重要的生活秩序。这主要是通过“礼”与“法”① 的融合得以实现的。“礼”与“法”的融合实现了伦理道德向社会制度的转化，使伦理道德借助于社会制度的推行和强力贯彻落实于社会生活之中。当礼与制度相联系，“礼”就获得了权威性。在此意义上可以说，礼也是一个权力体系，它对人们具有极强的约束力和制约力。有违道德——有违礼制，其结果是不同的。如果一种道德要求没有进入制度体系，违反它最多遭受道德谴责。可是一旦这种道德要求进入了制度体系，违反它就会遭到诸多方面（包括国家）的强制处罚。“五刑之属三千，而罪莫大于不孝。”“孝”不仅在上述的礼仪中得以具体化、操作化，而且直接进入到了法律制度之中。所以有学者这样指出：“在古代中国社会，对统治权威合法性的信仰，来源于传统的礼。礼是中国历史

① 这里所谓的“法”不是指狭义的法律，而是指包括法律在内的各种社会制度。

上维护合法统治的依据。……礼是合法统治的依据，也是权威的来源。……在中国，统治权力的合法性来源于礼的权威，因此礼是中国社会最普遍的社会规范。”①

首先，就“礼”与法律的关系而言，“礼”与刑相即不离，“古礼三百，威仪三千，刑亦正刑三百，科条三千，出于礼，入于刑，礼之所去，刑之所取，故其多少同一数也”。② 从这个意义上看，“礼”与刑相互支持，内容上一致。“失礼则入刑，礼刑一物也”。③ 西汉时期，董仲舒更是开创了“春秋决狱”，凡是法律中没有规定的，都可以援引儒家经义进行定罪量刑，如果法律与儒家经义相违背，则以儒家经义具有更高效力。

另外，“礼”是法律制定的依据。《唐律疏议》这样论及礼与法的关系：“德礼为政教之本，刑罚为政教之用。”即是说，法是礼的功能和作用。“礼”的精神就是维系等级尊卑的社会秩序，中国古代社会的法律恰恰也是对这一精神的贯彻，法律面前并非人人平等，一些人拥有特权。《礼记·曲礼》中记载的“刑不上大夫”直接反映了中国古代社会人们在法律面前的不平等。东汉郑玄注释云：“刑不上大夫，不与贤者犯法，其犯法，则在八议轻重，不在刑书。”意思是说，法律规定的八种人④犯罪，不由司法机关审判，而是由皇帝亲自裁决。皇帝可能顾念旧情或者其他而赦免或者减免对他们的责罚，即便在劫难逃，他们也往往可以避免许多酷刑。中国古代法律中还规定了“赎刑”制度，即有罪之人可以用财物赎罪，从而免受刑罚。这最早在《尚书·舜典》中就有记载：“金作赎刑。”虽然从一般意义上理解，赎刑的主体并无特别规定，但是贫穷者显然无力承担，其受益者仍然是富贵之人。富贵之人除了用财物赎刑，如果有官职的话，还可以用官职抵罪，此谓“官当”。例如，《晋律》中规定：“免官者比三岁刑。”就是说官职可以抵三年刑。另据《魏书·刑法志》记载：“官品

---

① 刘泽华：《中国传统政治哲学的社会整合》，北京：中国社会科学出版社，2000 年版，第 78 – 79 页。

② 《论衡·谢短》。

③ 《书经·吕刑》之蔡沈注释。

④ 这八种人包括议亲，即皇亲国戚；议故，即皇帝的故旧；议贤，即德高望重之人；议能，即才能出众之人；议功，即有功之人；议贵，即身世显贵之人；议勤，即勤政之人；议宾，即前朝贵族及其后代。

第五以上可以官阶当刑，免官三年以后许还仕，降原官阶一等。”官当制度虽然历朝历代有所不同，但一直延续中国古代社会始终。可见，“礼”与“法”内涵的道德精神是一致的，它们都是在维系封建社会等级尊卑的生活秩序。

譬如孝道。《孝经》有“五刑之属三千，而罪莫大于不孝”之说。显然，孝不仅是礼的要求，而且是法律的规定。礼与法在此完全合一。对于那些触犯了刑律理当受罚的年迈之人，《礼记·曲礼》中规定：“人生十年曰幼，学。二十曰弱，冠。三十曰壮，有室。四十曰强，而仕。五十曰艾，服官政。六十曰耆，指使。七十曰老，而传。八十、九十曰耄；七年曰悼。悼与耄虽有罪，不加刑焉。”表现在刑律之中，则有：

《唐律疏议》：“不孝流者，谓闻父母丧，匿不举哀，流；告祖父母、父母者绞，从者流；祝诅祖父母、父母者，流；厌魅求爱媚者，流。”

《大明律》：“凡同居卑幼不由尊长，私擅用本家财产者，二十贯笞二十，每二十贯加一等。罪止杖一百。若同居尊长应分家财不均者，罪亦如之。”

《明律例·刑律·诉讼》：“子孙告祖父母、父母，妻妾告夫及夫之祖父母、父母，均杖一百，徒二年。”

清朝律例：“凡子孙违反祖父母、父母教令，及奉养有缺，杖一百。谓教令可从，而故违；家道堪奉，而故缺者，须祖父母、父母告乃坐。”“凡骂祖父母、父母，及妻妾骂夫之祖父母、父母者，并绞，须亲告乃坐。”“凡子孙殴祖父母、父母，及妻妾殴夫之祖父母、父母者，皆斩。杀者，皆凌迟处死。……过失杀者，杖一百，流三千里；伤者，杖一百，徒三千。俱不在收赎之例。”

“孝”的伦理道德规定通过刑律得到了更为有力的推行和保障，伦理道德渗透进了法律之中。

其次，就“礼”与制度的关系而言，一方面“礼”本身就是社会制度的重要组成部分，对人们的行为起规范作用；另一方面“礼”也是许多政治、经济制度的制定依据，或者其本身就成为政治、经济制度的基本内容。例如，推崇孝道就是中国古代礼制中十分重要的内容。中国人十分重视孝道，“孝”因此也是中国古代社会一个重要的道德规范。早在西周时期，周公就建立了以“孝”为核心的伦理道德体系；春秋时期的孔子亦是不遗余力地多处论及孝道。此后，《孝经》更是对“孝”进行了较为详细而系统的阐述。然而，孝道真正受到人们的普遍重视应该还是汉代以后。西汉提倡以“孝”治天下，为推行孝道，西汉武帝积极地制定了多种政治、经济制度，激励人们遵从孝道。他确立了“举孝廉”制度，由乡举里选向朝廷推举孝、廉之人，并且下诏，“不举孝，不奉诏”，则“以不敬论”①；设“孝悌”等乡官，负责在农村中宣扬孝道、表彰孝行；经济上采取奖励政策，对孝子予以奖励，免除其徭役；而对于不孝之人，则要“斩首枭之”。

对于老人，历代都规定了生活上的保障制度。《汉书·文帝纪》载：“年八十以上，赐米人月一石，肉二十斤，酒五斗，其九十以上，又赐帛人二匹，絮三斤。”元政府也有对老人进行赏赐的制度。元成宗大德九年（1304）六月诏书曰：“年八十以上赐帛一匹，九十以上者二匹。”元仁宗也曾下诏：“凡年各九十以上者，人赐帛二匹，八十以上者一匹。”天历元年（1328）九月，元文宗“赐京师耆老七十人币帛”。至正元年（1341）十二月元顺帝下诏：“民年八十以上，蒙出人赐缯帛二表里，其余州县，旌以高年耆德之名，免其家杂役。”至正三年十月，“以郊祀礼成，诏大赦天下……赐高年帛”②。《明史·太祖纪》载：“十九年……六月甲辰，诏有司存问高年贫民，年八十以上月给米五斗，酒三斗，肉五斤，九十以上岁加帛一匹，絮一斤。”“鳏寡孤独不能自存者，岁给米六石。”历代君王实行的这些政策对于强化社会对老年人的尊重大有裨益，在很大程度上倡扬了尊老、敬老之风。

既然“礼”乃“法度之通名”③，因此，“礼”在治理国家方面必然发挥着十分重要的作用。古人认为“礼”是“国之干”④，是“经国家，定社稷，序民

---

① 《汉书·武帝纪》。

② 参见苏力：《元代地方精英与基层社会》216 页。

③ 《章太炎全集》三。

④ 《左传·僖公十一年》。

人，立后嗣"① 的利器，"礼之于正国也，犹衡之于轻重也，绳墨之于曲直也，规矩之于方圜也"②。事实上，当承载着古代社会伦理道德的"礼"成为社会制度的重要内容，当伦理道德得到了社会制度的有效支持，相应的道德主张必然可以在现实生活中实现，理想的道德生活也就随之转化为现实的道德生活。

3. 礼与俗：伦理道德向风俗习惯的渗透

中国传统伦理思想之所以能够深入社会生活，深入民众的心理、性格之中，还与伦理道德向风俗习惯的渗透密不可分。而这则是通过礼与俗的结合实现的。礼向俗的渗透使古代社会的道德要求成为人们日常生活中习以为常、自然而然的选择，这对于中国古代社会道德生活的构建意义重大。

"风俗"乃"天下之大事"③，它是人文道德的关键、重要载体和表现，风俗的好坏是社会治乱的根本原因，直接关系到国家、天下的命运。中国古人素知"乱俗败世"④ 的道理，王阳明亦言："天下之患，莫大于风俗之颓靡而不觉。譬之潦水之赴壑，浸淫泛滥，其始若无所患，而既其末也，奔驰溃决，忽焉不终朝而就竭，是以甲兵虽强，土地虽广，财赋虽盛，边境虽宁，而天下之治终不可为，则风俗之颓靡实有以致之。"⑤ 因此，中国古人对于治理风俗十分重视，认为风俗的好坏是贤愚、治乱的反映："一人之身，善习长而恶习消，则为贤人，反是则为愚。一国之俗，善习长而恶习消，则为治国，反是则为乱。"⑥ 故"明主之化，当移风使之雅，易俗使之正"。⑦

社会风俗的形成具有自发性，但是社会风俗要健康发展并对社会道德建设发挥积极作用，则需要对之进行有意识的引导。借助社会制度的力量实现伦理道德向社会风俗的渗透，是正确引导社会风俗的有效途径。"礼"作为伦理道德与社会制度的结合，在引导社会风俗方面有着得天独厚的条件。

---

① 《左传·隐公十一年》。

② 《礼记·经解》。

③ 《廉耻》，《日知录》卷十三。

④ 《管子·宙合》。

⑤ 《山东乡试录》，《王文成公全书》卷三十一下，北京：中华书局，2015 年版，第 1379 页。

⑥ 《与杨守》三，《陆九渊集》卷九。

⑦ 刘昼：《刘子·风俗》。

其实，早有学者指出了“礼”与“俗”之间的密切关系。刘师培认为，“上古之时，礼源于俗。典礼变迁，可以考民风之异同”①。虽然从探寻“礼”的起源的角度而言，此说尚有争论，但是礼与俗之间的密切关系是不容抹杀的，或者说“礼”的产生不可能是空穴来风，它必然有其生活的依据。上古时期没有所谓的礼制，有的仅仅是人们依据生活经验而约定俗成的各种风俗习惯。不可否认，这些风俗习惯涉及对多种社会关系的调节，具有一定的伦理道德意义，而这对于后世“礼”的内容应当是有影响的。例如，在古代社会中，生活的经验、技巧往往掌握在长者那里，家庭中的长者是晚辈生活经验、技巧的传授者，因而受到家庭成员的尊重，这种尊老敬老之风也得到了“礼”的肯定。礼产生之后，由于它具有社会制度的规定性，因此可以借助于社会的强力对人们的行为给以约束和指引，使人们在外力的持续强制下形成相应的行为习惯，进而反作用于社会风俗。当然，由于政府的力量不同、礼制的执行力度不同，其对社会风俗所起的作用也会有较大差异。

春秋战国时期，王室日渐衰微，诸侯纷争，礼制遭到极大僭越，社会风俗也有所衰败。春秋时，各诸侯国还尊崇礼仪、讲究节文，至战国时期则皆遭到废弃。这对道德生活造成极大冲击。顾炎武如此评论：“春秋时，犹尊礼重信，而七国则绝不言礼与信矣。春秋时，犹宗周王，而七国则绝不言王矣。春秋时，犹严祭祀，重聘享，而七国则无其事矣。春秋时，犹论宗姓氏族，而七国则无一言及之矣。春秋时，犹宴会赋诗，而七国则不闻矣。春秋时，犹有赴告策书，而七国则无有矣。”② 按其所言，仁义礼智信、忠孝廉耻道德规范在战国时遭到极大践踏。汉初，出于对秦二世而亡的借鉴，贾谊向汉统治者提出了建议，指出弃礼仪会导致风俗败坏，必须强化礼义制度。他认为，秦国之所以“君臣乖乱，六亲殃戮，奸人并起”，就是因为“秦灭四维而不张”，其“所上者”乃“告奸也”“刑罚也”。治国之道在于教民礼义。教民以礼，可以“绝恶于未萌，而起教于微眇，使民日迁善远罪而不自知”，进而可以促进良好民风的养成：

① 刘师培：《古政原始论》，见《刘申叔遗书》。

② 《周末风俗》，《日知录》卷十三。

“道之以德教者，德教洽而民气乐；驱之以法令者，法令极而民风哀。”① 在贾谊、董仲舒等儒家学者的极力倡导之下，武帝时期开始大力提倡儒术，礼制得以恢复，社会风俗也随之好转。尤其是在汉武帝以“孝”治天下后，孝亲之风得以盛行。及至东汉光武帝，“躬行俭约，以化臣下；讲论经义，常至夜分”。在他的躬身表率之下，一些权贵形成了良好的士风家法。如功臣邓禹，“有子十三人，各使守一艺，闺门修整，可为世法”；再如贵戚樊重，“三世共财，子孙朝夕礼敬，常若公家”②。曹魏时期，曹操占领冀州之后，即任用“负污辱之名，见笑之行，不仁不孝而有治国用兵之术者”，结果促成了当时人们重利轻义风俗的形成，以至于“少年不复以学问为本，专更以交游为业；国士不以孝悌清修为首，乃以趋势求利为先”③。自晋正始以来，老、庄之学盛行一时，当时一些风流名士“蔑礼法而崇放达，视其主之颠危若路人然”。风流名士无父、无君的态度和行为举止为人们广为传诵，“竞相祖述”，“以至国亡于上，教沦于下”，“羌、戎互僭，君臣屡易”，“大义之不明遍于天下”。④

历史的经验告诉我们，礼对于俗的引导作用的发挥并不是绝对的、自然而然的，而是需要以政府的强力、以礼制的有效推行和实施加以保障的。政府不注重推行礼制，甚至蔑视礼制，社会风俗就会败坏；反之，如果政府对礼制予以足够的重视，则会有力地促进社会风俗的好转。中国古代社会对于社会风俗进行管控的主要途径有：

上行下效，惩恶扬善。关于为政之道，孔子谈道：“其身正，不令而行；其身不正，虽令不从。”⑤ 曾国藩也这样指出：“风俗之厚薄奚自乎？自乎一二人之心之所向而已。……此一二人者之心向义，则众人与之赴义；一二人者之心向利，则众人与之赴利。”⑥ 此处，“一二人”也是指统治者、为政者。虽然有学者批评这种观点是“英雄史观”，过分强调了统治者、君主的作用，但不容否

① 《汉书·贾谊传》。
② 《两汉风俗》，《日知录》卷十三。
③ 以上皆出自《两汉风俗》，《日知录》卷十三。
④ 《正始》，《日知录》卷十三。
⑤ 《论语·子路》。
⑥ 《原才》《曾文正公全集·文集》卷二。

认，这种观点具有一定的合理性。统治者是主流道德的倡导者，应当也是主流道德的践行者，其喜好及一言一行对于百姓的影响不容小觑。孔子言：“为政以德，譬若北辰，居其所而众星共之。”① 治理社会风俗是为政的重要内容之一。因此，统治者要对社会风俗进行引导，使之与统治阶级的伦理道德要求相符合，首先就必须身先士卒，做出表率。换言之，吏风的好坏将会直接影响到整个社会风俗的健康与否。同时，对于善行要给以肯定和表彰，对于恶行要给以谴责和惩罚，以此来引导社会舆论，形成良善之风。汉代以“孝”治天下，统治者阶层倡导孝道，对于行孝之人给以奖励，对于不孝之人给以惩罚。另据《宋史》记载，君王兴孝，对于孝子、孝行政府给予肯定和表彰。李璘，其父及家属三人为陈友所杀，后李璘与陈友在京师宝积坊北相遇，李璘将陈友杀死。太祖得知李璘是为父报仇，“壮而释之”。吕升，父亲双目失明，吕升剖开肚子将肝取出为父亲治病，父亲复明。冀州南宫人王翰，母亲失明，王翰将自己的右眼挖出补给母亲，使母亲眼睛明亮如初。对此二人，皇上下诏赐予粟帛。政府此举使得孝义之风蔓延，“一百余年，孝义所感，醴泉、甘露、芝草、异木之瑞，史不绝书”②。即便是在不十分重视儒学的元朝，对于孝子也是旌表其门。婺州浦江人郑文嗣，其家二百四十多年间十世同居，无人私有一分一毫财产。“至大间表其门”③。对于遵守孝道之人的褒奖，向普通民众传达了正能量，对于社会风俗的治理起到了积极的作用。

及时派人了解社会风俗。对社会风俗的良好管控需要建立在对社会风俗的全面了解的基础之上。西周时，周天子就十分重视对民风的考察。《礼记·王制》载：“（周天子）五年一巡狩，……命大师陈诗，以观民风。命市纳贾，以观民之所好恶、志淫好辟”。通过对诗歌及市场的观察，了解百姓之喜好、志趣，以此窥得民风。之后许多朝代都沿用了这一制度。汉时，政府设有“风俗使”。元狩元年，汉武帝下诏：“今遣博士大等六人分循行天下，存问鳏寡废疾，无以自振业者贷与之。谕三老孝弟以为民师，举独行之君子，征旨行在所。

① 《论语·为政》。
② 以上见《列传·孝义》，《宋史》卷四百五十六。
③ 《孝友一》，《元史》卷一百九十七。

……祥问隐处亡位，及冤失职，奸猾为害，野荒治苛者，举奏。郡国有以为便者，上丞相、御史以闻。”① 三国时期，曹魏延康元年二月，“遣使者循行郡国，有违理掊克暴虐者，举其罪。”② 永安四年八月，孙吴“遣光禄大夫周奕、石伟巡行风俗”③。西晋时期，武帝下诏要求郡国守相“三载一巡行属县”④。……风俗使虽然不是正式的官职，但是他们受皇帝委派，负责对社会风俗、吏治好坏进行督察。《礼记·王制》中载，其任务包括，“命典礼、考时月、定曰、同律、礼乐、制度、衣服，正之。山川神祇，有不举者为不敬，不敬者君削以地。宗庙有不顺者为不孝，不孝者君绌以爵。变礼易乐者为不从，不从者君流。革制度衣服者为畔，畔者君讨。有功德于民者，加地进律”。《晋书》中也这样记载：“见长吏，观风俗，协礼律，考度量，存问耆老，亲见百年。录囚徒，理冤枉，详察政刑得失，知百姓所患苦……敦喻五教，劝务农功，勉励学者。”同时还要旌扬举荐“好学笃道，孝弟忠信，清白异行者”以及纠察处置“不孝敬于父母，不长悌于族党，悖礼弃常，不率法令者”⑤。借助于风俗使，政府力求“观风俗，知得失”⑥，“彰善瘅恶，激浊扬清”⑦，“拾遣举过，显贤进能”⑧，从而使好的社会风俗得以彰显，坏的社会风俗得以及时遏制。

设官吏掌管民间道德宣教，推行封建道德，移风易俗。古时，一些官吏自觉地以导民向善、移风易俗为己任。春秋时期，楚相孙叔敖“施教导民”，使“上下和合，世俗盛美，政缓禁止，吏无奸邪，盗贼不起”⑨。另据《后汉书·刘宽传》载，刘宽在任南阳太守之时，“见父老”则“慰以农里之言”，见少年则“勉以孝悌之训”，久而久之，“人感德兴行，日有所化”。其实，政府也十分重视推行道德教化，并将之作为地方官吏的重要职能。秦朝时期，就有“三

① 《汉书·武帝纪》。
② 陈寿：《三国志》，北京：中华书局，1959 年版，第 58 页。
③ 陈寿：《三国志》，北京：中华书局，1959 年版，第 59 页。
④ 房玄龄：《晋书》，北京：中华书局，1974 年版，第 57 页。
⑤ 房玄龄：《晋书》，北京：中华书局，1974 年版，第 3168 页。
⑥ 《汉书·艺文志》。
⑦ 《汉书·薛宣传》。
⑧ 《汉书·蒯通传》。
⑨ 《史记·循吏列传》

老”执掌地方教化。“三老”作为官职，是指具备正直、刚克、柔克三种德行的长者。西汉时期，武帝不仅设乡三老，而且设县三老。据《汉书·高帝纪上》记载：“举民年五十以上，有修行，能帅众为善，置以为三老，乡一人；择乡三老一人为县三老。”可见，三老须是有德行的长者，职责就是“帅众为善”，引导社会风气。以后，这一职能逐渐向地方官转移。汉代的循吏作为地方官吏，除了管理地方经济、理讼之外，他的一个重要职能就是教化一方百姓。由于循吏贴近百姓生活，熟谙当地风俗，因而往往可以因势利导，真正做到化民成俗。可见，循吏在移风易俗、化民成俗方面发挥着积极的作用。唐朝时规定，京兆、河南、太原牧及都督、刺史须行“宣布德化”“敦谕五教”之职，每年巡视所属郡县一次。遇有笃学异能者，予以举荐；遇有不孝悌者、不循法令者，绳之以法。对于孝子贤孙、夫义妇节之家，予以表彰。此外，京畿及天下诸县令则应“导扬风化”，教民以尊卑长幼之节。宋代基本延续了唐代的模式，规定府、州、军、监各职位的职责包括“宣布条教，导民以善而纠其奸慝”“旌别孝悌”“举行祀典”发现有孝悌仁义者，就据实向州府禀报，给以奖励①。其目的在于“导俗宣风，惩奸息暴”，“训导黎烝，宣我朝化”。宋太祖曾下诏，各州长吏要对那些父母亲属有疾病却不给以治疗的人施以严惩。宋太宗也曾下诏，令各道州县长吏探寻德高望重者，向其询问民间疾苦、吏治得失，有不足之处即行改正。自唐朝玄宗开始，政府对于整饬民风民俗的力度进一步加强。例如，针对某些地方将得疾病致死的人的尸体弃于荒野之中而不予以安葬的陋习，专门下诏命令人们将尸骨进行掩埋。宋代时，君主也意识到了偏远地区的习俗有违礼法，不利于圣教、治理，因此“成礼让之俗”，以礼化人，乃是治理之要。

古代社会的经验告诉我们，加强对社会风俗的治理和引导，借助于风俗的力量，使道德深入人们的日常生活之中，成为人们不假思维的习惯性观念和行为，是道德建设不可忽视的一个重要方面。

毋庸置疑，任何时代的道德生活都是复杂的。主流道德观念在社会生活中得以彰显的同时，必定或多或少存在着与主流道德相对立、不相符的现象。中

① 《宋史·职官志》。

国古代社会亦是如此，不讲仁义、不忠不孝之人并不少见，封建道德也屡被僭越。但是，从总体上而言，中国古代社会道德生活与统治阶级的道德理想和道德要求基本一致。这种道德生活的形成是封建统治阶级精心构建的结果，他们非常重视封建道德从理论向现实生活渗透和转化的路径，在强化人们自觉的道德修养的同时，借助于“礼”，使中国传统伦理道德精神成功地向制度、风俗渗透，转化为人们在社会生活中必须遵循的生活秩序，并且是得到了统治者严格执行的有效的生活秩序。反过来，既定生活秩序在现实生活中的贯彻和落实，也强化着人们对传统伦理道德的接受、认同和践行。

第四章

宗教社会的生活秩序及其道德生活的构建

宗教社会是人类社会中一种特殊的社会类型，其道德生活具有与其他社会道德生活明显不同的特点。但是，在构筑生活秩序使之与宗教的伦理主张相一致从而构建理想道德生活方面，它依然体现了前文所述的生活秩序与道德生活的一般关系。在宗教社会中，宗教的伦理主张（道德思考）通过人们的宗教信仰、宗教教规以及宗教仪式在生活秩序中得到了高度的贯彻，成为人们的基本道德习惯，这使宗教社会的道德生活与其预设能够保持极大的一致性。

一、宗教社会及其道德生活

由于宗教伦理的道德要求有别于一般的伦理道德要求，这使得宗教社会的道德生活呈现出别样的精彩。

（一）宗教社会概述

对宗教社会的把握离不开对宗教的认识。宗教对我们而言并非陌生的字眼，其历史亦是堪称悠久。然而，什么是宗教？宗教的本质是什么？对这样一些问题，至今仍然存有争议，呈现出一种多元化的趋势。概括起来，大致有三种观点：第一种是以神为中心来规定宗教的本质，第二种是以信仰主体的个人情感和个人体验作为宗教的基础和本质，第三种是以宗教的社会功能来规定宗教的本质，认为宗教无非是社会需要的一种特殊表达形式①。无论在宗教的本质问题上有怎样的争论，有一点是不容置疑的，即宗教作为一种社会意识形式，“是

① 吕大吉：《宗教学通论新编》（上），北京：中国社会科学出版社，1998 年版，第 53—58 页。

关于超人间、超自然力量的社会意识，以及因此而对之表示信仰和崇拜的行为，是综合这种意识和行为并使之规范化、体制化的社会文化体系”①。因此，从这个角度理解，无论其崇拜的是自然神，还是人格神，只要人们信奉并崇拜某种超越的能够控制、主宰人类与自然界的力量，都是宗教。

对于宗教的态度，人们也有不同的看法。马克思、恩格斯认为它是“颠倒了的世界观”，“是人民的鸦片”②，是“支配着人们日常生活的外部力量在人们头脑中的幻想的反映”③。他们对于宗教基本上持批判、否定的态度。但是也有一些社会学家从社会学的视角出发肯定宗教的社会功能。西美尔认为“上帝是最高、最纯粹的整合”④，宗教是实现社会整合的一种特殊方式；孔德指出“宗教是社会秩序的基础，是人类行动的指导，因为宗教能够帮助人们建立社会情感上的联系，克服个人的自私自利和对社会的离心力，并在人类生活中倡导利他主义”；图尔干认为宗教是集体凝聚的手段；马克斯·韦伯则认为宗教是现代社会的精神基础⑤。概言之，整合社会关系，使人摆脱自我的局限，缓和甚至消解个人与社会的矛盾、冲突，是宗教的一种重要社会功能。毋庸置疑，从社会学的视角来看宗教，它确实有助于实现社会的整合，尤其是在宗教具有重要影响力的宗教社会里，宗教可以借助于它强大的整合功能维系生活秩序，使其理想的道德生活得以构建。

宗教社会是指主要由宗教信仰者组成的社会，并且在这一社会中（无论范围大小），人们的生活普遍受到宗教的影响和控制。宗教社会不同于有宗教存在的社会。一个社会中即使存在一种或多种宗教，但是如果宗教对于社会、对于人们的影响范围和影响能力有限，在整合社会关系中没有发挥主要作用，这种社会就不能称为“宗教社会”。例如，在我国，无论是历史上还是现代社会，虽

---

① 吕大吉：《宗教学通论新编》（上），北京：中国社会科学出版社，1998 年版，第 79 页。

② 马克思：《〈黑格尔法哲学批判〉导言》，见《马克思恩格斯选集》第 1 卷，北京：人民出版社，1995 年版，第 2 页。

③ 《马克思恩格斯选集》第 3 卷，北京：人民出版社，1995 年版，第 666—667 页。

④ ［德］西美尔：《现代人与宗教》，曹卫东等译，北京：中国人民大学出版社，2005 年版，第 12 页。

⑤ 周晓虹：《西方社会学历史与体系》第 1 卷，上海：上海人民出版社，2002 年版，第 51 页。

然都有宗教的存在，但是我国不是宗教社会。不过，在宗教信仰者聚居的地区，仍然具有宗教社会的特点。

依据以上对于宗教社会的理解，我们可以将宗教社会分为两种类型。一种是宗教国家，中世纪的欧洲诸国以及当今亚洲地区的一些阿拉伯国家，均属于此类型。其特点是：宗教与政治融为一体，宗教组织是重要的政治力量；宗教教规、戒律渗透进国家的法律等各项制度之中，借助于国家的强制力量，成为被人们所普遍遵守并且必须遵守的原则和规范。欧洲中世纪由教会进行统治，任何对于基督教教规、教义的违反和质疑都会受到来自教会——“宗教裁判所”的严厉惩罚。当今阿拉伯世界的国家虽然不由教会直接统治，但是宗教组织对国家的政治进程发挥着重要的影响，其政治诉求不容忽视。因此，国家政策、制度的制定与施行都不可与人们的宗教信仰相违背、相冲突。即便是人们日常生活的着装，乃至电视节目的播放，都必须遵守和尊重宗教的规范。另一种类型是宗教族群。相较于宗教国家，他们的范围相对较小，多以聚居民族、部落的形式存在。他们的宗教虽然不在全国范围内发挥作用，尤其是宗教并未与政治相融合，但是在崇奉它的民族和部落中，宗教的影响力和作用力相当巨大，渗透于人们的日常生活之中，并成为人们的一种日常思维和行为方式，在统合整个部族、民族，维系整体的生活秩序方面发挥重要作用。

如上两种宗教社会虽然范围、规模有所不同，但是都具有宗教社会的共同特点：

第一，宗教社会的成员有统一的精神信仰，信奉某种超自然、超人类力量的存在，这是宗教社会的首要特点。在宗教社会，并非某一个人或者某一群人相信神灵的存在，而是所有的人都信奉神灵。一般来说，这种具有超能力的神灵（无论是耶稣还是安拉、佛祖，抑或是其他非人格化的无影无形的超自然的力量），都具有主宰和控制人类的能力。《古兰经》中就这样写道：“天地万物，都是真主的。你们的心事，无论加以表白，或加以隐讳，真主都要依它而清算你们。然后，要赦宥谁，就赦宥谁；要惩罚谁，就惩罚谁。真主对于万事是全能的。”① 对于全能的神灵，人们坚信不疑，自觉地、发自内心地对之顶礼膜

① 《古兰经》第2章《黄牛》第284条。

拜。借助于神灵这种宗教观念，人们形成了统一的精神信仰和统一的价值认同，对于各种社会关系和利益关系有着统一的价值评价和价值判断。这种精神信仰的力量之强，使宗教社会的成员十分牢固地整合在一起。当然，也正是由于对信仰的执着，他们通常较难接受、包容其他的价值观念，并且容易对其他价值观念持排斥的态度。

第二，宗教教规、戒律成为宗教社会普遍遵守的社会规范，形成了宗教社会特有的生活秩序。宗教社会除了法律、法规之外，其所信奉的宗教教规、戒律对于人们的行为同样起着规约的作用。由于宗教社会的成员以神灵为最高主宰，并且自觉自愿地听命并服从于它，因此他们也就自觉地将神灵为人类颁布的各种律令当作内在的需要，将神灵昭示的生活秩序视为人类理想的生活秩序并誓死维护。

第三，宗教社会一般都定期举行、组织一定的宗教仪式，以此强化宗教社会成员的宗教观念，增强宗教社会的凝聚力。如基督教、伊斯兰教都有“礼拜日”，虔诚的信徒定期去教堂做礼拜，向神灵祷告、祈祷、忏悔，而教堂也会安排唱诗班洗涤人们的心灵，安排神父聆听人们的忏悔。有些宗教（如佛教）虽然没有礼拜日，但是有斋戒日，有寺庙，信徒可以在日常的烧香拜佛、吃斋念佛等功课中感念神灵。而在一些宗教族群中，也会有一些类似的仪式，这种仪式有消极的（如禁忌），也有积极的（如固定化的仪式仪轨）。通过仪式，人们与神灵之间“维持着一种积极的、双向的关系”①。例如，澳洲艾利斯斯普林地区的“维切提蛴螬”氏族的“因提丘玛”，就是为了该物种的繁衍兴旺②。中国一些少数民族中至今仍然保留的节庆习俗中，许多也是传统的宗教仪式的残留。而在藏族地区，我们经常可以看到历尽艰辛前往圣地朝拜的虔诚的信徒。正是在这些仪式仪轨之中，人们更为深切地感受到了自身与神灵的联系。举行、参加特定的宗教仪式是宗教社会中人们生活的重要内容。在宗教仪式的不断强化下，宗教观念以及宗教戒规戒律也在人们的思想观念中得到了强化。

---

① ［法］爱弥尔·涂尔干：《宗教生活的基本形式》，渠东、汲喆译，上海：上海人民出版社，2006 年版，第 311 页。

② ［法］爱弥尔·涂尔干：《宗教生活的基本形式》，渠东、汲喆译，上海：上海人民出版社，2006 年版，第 313—314 页。

（二）宗教社会的道德生活

之所以将宗教社会的道德生活作为一个独立的部分加以研究，是因为宗教社会是一个较为特殊的社会形态，其道德生活与宗教生活相互交织，或者说其宗教生活构成了其道德生活的重要内容。因此，宗教社会的道德生活呈现出独特的面貌。这既表现在其道德生活的内容的独特性，也表现在其道德生活主体的精神状态及其道德生活形式的与众不同。

1. 宗教社会道德生活的价值追求

虽然不同的宗教社会由于文化背景不同，其价值追求有所差异，但是一般来说，宗教都是试图通过不同的途径寻找和谐秩序的建立，都是希望通过人们自觉地实践某些具有道德价值的原则和规范来构建和谐的社会关系。因此，他们具有由宗教的共同性而产生的某些相同的价值追求。

爱　在各种不同的宗教里，爱都是一种十分重要的宗教情感，或者这样说，爱是维系宗教存在的情感纽带。通过爱，人与神、人与人、人与自然之间得以实现和谐相处。

“人—神”关系是宗教关系的一个重要内容。神可以是自然物，也可以是人格神。然而无论神为何物，它都是一种超越的力量，它创生了宇宙万物，创造了人以及人类社会，是宇宙、人类社会的最高主宰。在基督教中，神（耶和华）创造了宇宙万物（包括人），它用了六天时间先后创造了天地、光（昼夜）、海洋、树木、日月、鸟兽虫鱼、男女，等等；在伊斯兰教中，真主安拉是宇宙的创造者。《古兰经》中这样写道：“众人啊！你们的主，创造了你们，和你们以前的人，你们当崇拜他，以便你们敬畏。他以大地为你们的席，以天空为你们的幕，并且从云中降下雨水，而借雨水生许多果实，做你们的给养，所以你们不要明知故犯地给真主树立匹敌。”① 既然神创造了宇宙万物，并且荫庇着宇宙万物，庇佑着人类，爱着人类，所以人也应该爱神，敬畏神。神对人的爱以及人对神的爱是宗教之爱的内在含义。即使是在原始宗教中，人神之爱也是存在的。在生产力水平十分落后的历史阶段，人们出于对自然的敬畏，将自然奉为神灵；或者出于对人类自身来源认识的匮乏以及人类自我意识的薄弱，对某种

① 《古兰经》第二章《黄牛》第21－22条。

动物顶礼膜拜（图腾崇拜），他们对自然及自然物的敬畏其实也隐藏着人们必须爱自然的道德要求。

宗教之爱除了表现于神与人之间外，还表现为人与人之间的伦理关怀①。这是宗教之爱在人世间的具体落实。如《圣经·旧约》中就有“爱人如己”的道德诫命，并指出“爱人就完全了律法，十戒都包括在爱人如己这一句话里了”②。另外在《新约》中也有：“我们应当彼此相爱，因为爱从上帝那里来。凡有爱心的，都由神而生，并且会知晓上帝。没有爱心的，就无法认识上帝，因为上帝就是爱。”③“要爱你的仇敌，为那逼迫你的人祈祷。”④《古兰经》中也有类似的话：“你当以善待人，象真主以善待你一样。你不要在地方上摆弄是非，真主确是不爱摆弄是非者。”⑤ 对他人的爱在佛教中也表现得十分突出。佛教与其他宗教不同的地方在于，它并没有为宇宙、人类设置一个造物主。它认为宇宙都是幻生幻灭的，其本质都是空无，现实的一切都是不真实的。这就是佛理、佛法的根本。佛理佛法是不容置疑的。人一生之中努力要做的就是去除无明烦恼，了悟佛理佛法。不仅如此，佛教还宣扬转世轮回和因果报应，以此告诉人们世间万事万物都处于普遍的联系之中，人必须善待宇宙中的万事万物，爱他人、爱自然。因此，佛教主张人应当慈悲为怀，与人为善，不杀生，普度众生，而这也正是佛教徒修行的必修功课。

可见，宗教中蕴含着丰富的爱的情感。由于人与人、人与自然之间有爱，所以才不会有纷争，不会有冲突，才能保持人类社会的和谐。当然，这是宗教为整治社会开出的药方。然而现实生活中，由于利益上的冲突和矛盾，人与人之间很难做到只有爱，矛盾、仇恨、战争仍然充斥在我们的生活之中，想要仅仅依靠“爱”的倡导消除人与人之间的一切社会矛盾，从而实现有良好秩序的

---

① 姚新中在《儒教与基督教仁与爱的比较研究》（中国社会科学出版社，2002：103）一书中指出：“基督教之爱可以分为三个方面……基督教爱的第一个方面是上帝对人的超越性怜悯，第二方面是人对于上帝的宗教虔诚，而第三方面则是人对于自己同类的伦理关怀。”

② 《圣经·罗马人书》。

③ 《圣经·约翰一书》。

④ 《圣经·马太福音》。

⑤ 《古兰经》28 章《故事》第 77 条。

和谐社会，是不可能的。

平等 尽管宗教都产生于等级社会，但是，宗教一般都以平等为重要的价值追求。但是他们对于平等的理解存在差异。在所有宗教中，佛教对于平等的追求最为迫切。佛教极力宣扬众生平等。这包含几层含义：万物虽然形态各异，有圣凡善恶之别，但这都是假相，就其本质而言，都是空无，此其一；人人平等的禀赋有佛性，“一阐提人皆有佛性”，因此，每个人都有成佛的依据和可能，既可以自度成佛，也应度人成佛，“不应问生出，宜问其所行；微木能生火，卑贱生贤达”①，此其二。在正常的人际交往中，也应秉承平等原则，对他人一视同仁，而不应以一己之好恶为标准，此其三。这样看来，梁启超说“佛教之信仰乃平等而非差别”②，是有一定道理的。基督教认为所有的人都是上帝的子民，所以人与人之间应当平等相待，“己所不欲，勿施于人”；同时也正是由于所有的人都是上帝的子民，是“一家人”，所以才可以做到“爱人如己”。但是这一理论并未得到彻底贯彻。中世纪时期意大利的著名经院哲学家托马斯·阿奎那就宣扬等级正义论，他认为等级是上帝规定的，人们应该按照上帝的规定各安其位，维护统治与被统治的状况，任何想要逾越自己等级的人都是有罪的。伊斯兰教的平等则表现为：每个人都应信安拉、爱安拉，多行善事，如此则都能进入天堂，而绝无贫富贵贱之别。人与人之间强调义务的对等性——父母对子女有教育的义务，子女对父母有孝敬、顺从的义务；丈夫对妻子有保障其生活的义务，妻子对丈夫有忠顺的义务③。

顺从 宗教中的顺从包含多层含义。首先，顺从要求人们顺从神灵。既然神灵创造了人类，主宰着人类，那么人类首先就需要顺从神灵、听从神灵的旨意。这种服从是绝对的、毫无任何犹疑的。对于服从神的旨意的人，神灵总是会降福于他。《圣经》中记载，耶和华（神）让亚伯拉罕将自己的独生儿子杀死。亚伯拉罕遵从了神的命令，将自己的儿子捆绑后，在规定的时间和地点，按照神的旨意准备杀死自己的儿子。在这千钧一发之际，神的使者叫停了亚伯

① 《别译杂阿含经》卷五，《大正藏》第二卷。

② 梁启超：《论佛教与群治之关系》。

③ 参见杨明：《宗教与伦理》，南京：译林出版社，2010 年版，第 156 页。

拉罕，并用羊代替了他的儿子。之后，神的使者转告耶和华的话说："你既行了这事，不留下你的儿子，就是你的独生儿子，我便指着自己起誓说：'论福，我必赐大福给你；论子孙，我必叫你的子孙多起来，如同天上的星，海边的沙，你子孙必得着仇敌的城门，并且地上万国都必因你的后裔得福，因为你听从了我的话。'"《古兰经》同样要求人们顺从真主，这样就可以得到神灵的保佑。《古兰经》第二章第二百七十七条："信道而且行善，并谨守拜功，完纳天课的人，将在他们的主那里享受报酬，他们将来没有恐惧，也不会忧愁。"其第三章中则记载了真主赐福他的信徒麦尔彦，让她衣食无忧，而且让本不会生育的她生育了儿子。既然神灵能够保佑善良的人，因此人们应当相信神，敬畏神，顺服神。于是，《古兰经》又这样告诫人们："你们应当归依真主，应当敬畏他，应当谨守拜功。"（第三十章第三十一条）"你应当趋向正教，（并谨守）真主所赋予人的本性。"（第三十章第三十一条）佛教不讲顺从神灵，但是它主张人应当顺从佛理、佛法，让人们随缘，不问世事。其次，人们应当服从神灵为人类颁布的秩序。神灵不但创造了人类及人类社会，而且为人类安排了生活的秩序，为人们规定了行为的准则。《圣经·出埃及记》记载了"摩西十戒"的来源。据说当摩西带领以色列人离开埃及来到西奈山脚宿营，神召唤摩西来到山顶，将刻有十条戒律①的石板交给他，让他带下山昭示给人们。这是神为人类颁布的道德戒律。此外，《圣经》中还经常出现神为人类颁布的典章制度。例如，在《出埃及记》中，神为人类制定的"条例"就有：祭坛的条例，对待奴仆的条例，惩罚暴行的条例，物主的责任，赔偿的条例，道德和宗教的条例，正义和

① "我是耶和华你的神，曾将你从埃及地为奴之家领出来。除了我之外，你不可有别的神。""不可为自己雕刻偶像；也不可作什么形象仿佛上天、下地和地底下、水中的百物。不可跪拜那些像；也不可侍奉它，因为我耶和华你的神，是忌邪的神。恨我的，我必追讨他的罪，自父及子，直到三四代；爱我、守我诫命的，我必向他们发慈爱，直到千代。'"不可妄称耶和华你神的名；因为妄称耶和华名的，耶和华必不以他为无罪。""当记念安息日，守为圣日。六日要劳碌作你一切的工，但第七日是向耶和华你神当守的安息日。这一日你和你的儿女、仆婢、牲畜，并你城里寄居的客旅，无论何工都不可作；因为六日之内，耶和华造天、地、海和其中的万物，第七日便安息，所以耶和华赐福与安息日，定为圣日。""当孝敬父母，使你的日子在耶和华你神所赐你的土地上得以长久。""不可杀人。""不可奸淫。""不可偷盗。""不可做假见证陷害人。""不可贪恋人的房屋；也不可贪恋人的妻子、仆婢、牛驴，并他一切所有的。"

公道，安息年和安息日，三大节期，应许和指示，立约的凭据，造约柜的规定，造陈设饼桌子的规定，造灯台的规定，造会幕的规定，造祭坛的规定，对会幕周围的规定，燃灯的条例，制祭司圣服的规定，制胸牌的规定，制祭司其他圣服的规定，立亚伦和他子孙做祭司的条例，每天当献的祭，造香坛的规定，会幕的捐献，造铜盆的规定，制圣膏的规定，香的做法……类似的条例和规定在《圣经》其他部分屡屡出现。这些条例和规定涉及人们生活的方方面面，对于信奉基督教的人具有法律的“效力”。真正信奉神，就应当谨守这些规章制度，严格遵从神制定的条例和规定行事，否则就是对神的违背和亵渎。再次，人们应当服从神灵在人间的代言人的统治。神在人间都有他的“代言人”，神的意旨一般通过“使者”传达给人类，对使者的服从即是对神灵的服从。《古兰经》第三章第三十二条就明确说道：“你们当服从真主和使者。”这是人应当遵循的“正道”，如有违反，就无法得到真主的喜爱。

克己　几乎在所有的宗教中，欲望都被视为恶，都是被要求克制或者去除的对象。基督教中人本来是没有智慧也不懂欲望的存在，只是由于夏娃、亚当在毒蛇的引诱下，违背禁令，偷吃了智慧之果——苹果以后，人有了智慧，但也因此禀赋了“原罪”。上帝以其子耶稣代人类接受惩罚，为人类做出了巨大的牺牲。人要使自己的灵魂得到救赎，就必须努力修德，在保持对上帝的爱的同时，摒弃来自于内心的恶劣情欲的侵扰。在基督教看来，人的情欲都是恶的、污秽的；当人受情欲的支配和控制时，善性就会泯灭。因此人应当战胜自我，摒弃情欲。伊斯兰教的《古兰经》虽然没有明确地说让人们摒弃情欲，但是，《古兰经》第五章第九十条指出：“饮酒、赌博”“只是一种秽行，只是恶魔的行为，故当远离”，并且认为挥霍、吝啬、骄奢都是不好的；许多城市中的居民因为过着骄奢的生活，都被真主毁灭了；因为这些都属于不合“中道”“不义”的行为，他们只知道“无知地顺从自己的私欲”，因此无法获得真主的援助①。可见，人们应当克制自己的情欲，使之符合中道。佛教对于情欲也是持否定的态度。佛教主张人自性清净，没有任何杂染。然而人由于处于“无明”状态，

① 分别见《古兰经》第25章《准则》第67条、第28章《故事》第58条、第30章《罗马人》第29条。

为情欲所累，从而使清净之性遭受蒙蔽。因此，人们应当停止对外在世界、物质的追求，认识到世界中的所有都仅仅是“幻象”、“空无”而已。唯有净尽私欲、灭除情感，在不断的修持中逐渐了悟佛理，彰明本性，才能实现对自我的超越。

在宗教中，爱、平等、顺从、克己是具有一般性的价值追求。爱是核心，平等是爱的具体体现，顺从、克己都是基于对神灵的爱，其结果则是人对自我的超越。可见，宗教社会道德生活的价值追求从根本上都是指向神灵的。

2. 宗教社会道德生活的特点

借助于神灵的强大力量，宗教社会形成了独具特色的道德生活。人们真心地信奉神灵，心甘情愿地遵从神灵的启示，自觉地按照神灵的设定构建现实的道德生活。这种以强烈的道德信仰和道德自觉为依托构建的道德生活，与中国古代社会的道德生活相较，虽然对于道德价值具有不同的理解，但是仍然具有某些共同的特点，如统一的价值认同，稳定的道德行为模式，价值导向与价值取向的高度统一，以及较高的道德自觉。同时，我们还应当看到，毕竟宗教社会与一般社会不同，其道德生活必然呈现出一些独特的特点。

首先，宗教社会的道德生活具有高度的整体性。所谓整体性，是指社会结构、道德观念的高度整合。在宗教社会中，任何个体都是“神”的子民，受神的制约和控制，都处在与神的关系之中。个体借助于神组成了统一的社会网络。他们有着共同的价值信仰和道德追求，其社会具有高度的凝聚力，将每一个神的子民整合在一起，并将宗教所宣扬的道德观念、伦理精神贯彻落实于社会生活的各个领域。无论是在经济领域、政治领域还是文化领域，其中所反映出来的道德精神、价值观念都是统一的①。以现代世界中较为典型而普遍的宗教社会——伊斯兰国家②为例，其经济、政治和文化领域中都深深地渗透着《古兰

① 可以进行对比的是，现代中国，人们在经济和思想文化领域中的道德观念缺乏统一性，市场经济促成了人们功利意识、个体意识的发展及膨胀，但是在道德领域，我们宣扬的主流道德观念是集体主义的道德原则和为人民服务的价值理念，二者之间的对立恰恰反映了我国当代社会道德生活的分裂。

② 伊斯兰国家是指主要由伊斯兰教的信奉者组成的国家，主要分布在中东、阿拉伯半岛以及其他区域。伊朗、阿富汗、也门、沙特阿拉伯、土耳其等国家都是典型的伊斯兰国家。

经》的道德原则和精神。有学者这样指出:“伊斯兰教不仅是一种精神信仰,它还是一种生活哲学、一种社会制度、一种意识形态、一种‘总体生活方式’,具有改造社会的作用。”① 由此可见伊斯兰教在整合社会方面的强大功能。在经济领域,伊斯兰国家将发展经济视为功修;提倡节俭,反对奢侈浪费;实行“天课”制度、“乜贴”制度调节贫富分化,等等。在政治领域,伊斯兰国家一般都是“政教一体”,其“政治建构在伊斯兰教的秩序上,而宗教思想的原则则变成了政治意识形态”。② 霍梅尼曾明确指出:“伊斯兰是这样一种宗教:神的原则同样也是政治原则”③。此外,伊斯兰政治组织是伊斯兰国家的重要政治力量,参与和影响国家的政治进程;而且维护国家政权的伊斯兰法律也主要是根据宗教原则制定,充分反映着《古兰经》的基本要求。在文化领域,虽然随着世界的开放以及信息技术的飞速发展,伊斯兰国家不可避免地接触到西方文明,但是,他们总体上对之持批判和排斥的态度,仍然坚定地坚持伊斯兰的文化价值观念,并认为伊斯兰文化真正揭示了人类社会的发展规律和生存之道,是应当普遍适用于全人类的。于是,在伊斯兰国家,其社会生活各个领域的价值观念趋于统一,使其道德生活呈现出高度的整体性特征。

其次,宗教社会的道德生活具有较强的单一性和偏执性。道德生活的单一性是一元文化在道德生活里的直接体现。一般而言,宗教社会中的意识形态和价值观念都是一元的,即他们所信奉的宗教价值观念。在统一的宗教价值观念影响之下,人们有着共同的价值认同、道德判断和道德选择,从而其道德生活不像其他多元文化并存的社会充满矛盾、冲突甚至对立。道德生活的偏执性则是源自宗教社会成员对于宗教的狂热和执着信仰。由于对宗教的狂热和执着,因此他们在生活中时刻注意维护神灵的尊严和权威,在社会生活各领域都谨遵神灵的旨意,任何有违宗教信仰有违圣训的,他们都丝毫无法接受。历史的事实一再说明了这一点。欧洲中世纪是封建教会的统治时期,波兰天文学家哥白

① 刘靖华:《伊斯兰政治的文化视界》,《西亚非洲》1992 年第 6 期。
② 刘靖华:《伊斯兰政治的文化视界》,《西亚非洲》1992 年第 6 期。
③ 梅伦·塔马多法:《伊斯兰政治形态与政治领导层:原教旨主义、宗派主义和实用主义》,西方观点出版社,1989 年版,第 36 页。转引自刘靖华:《伊斯兰政治的文化视界》,《西亚非洲》1992 年第 6 期。

尼因提出了“日心说”，从而被宗教裁判所视为异端；意大利人布鲁诺因为追求科学，不满宗教教规仪节，并且发表了与宗教教义相对抗的言论，也被视为异端，最终为宗教裁判所施以火刑。现代的宗教社会亦是如此。对宗教的执着信仰使得宗教社会缺乏应有的包容性，并且容易因为信仰的差异而产生冲突。包容性的缺失反过来又进一步强化了其道德生活的单一性。

再次，宗教社会的道德生活具有高度的稳定性。由于宗教社会意识形态的单一，以及社会成员对于宗教的高度虔诚，宗教价值观念因此成为指导宗教社会道德生活的重要价值依据，指导着宗教社会成员的行为活动和思想意识。人们自觉自愿地按照宗教价值观念进行道德判断和行为选择，长此以往，导致宗教社会的道德生活呈现出高度的稳定性特征。这种稳定性主要表现为，尽管社会在不断进步，宗教社会的道德生活也会随着社会的进步发生一定变化，但是其基本的价值观念不会发生根本变化，其道德生活的总体样态也大致不变。宗教社会基本的社会结构、政治结构没有发生根本性的变化，浓缩于生活中的风俗习惯也是一以贯之。在崇尚佛教的社会里，尽管现代的佛教徒已经可以娶妻生子，但是吃斋念佛、谨守戒律、慈悲为怀等这样一些道德戒律和道德要求却是始终没有改变。其他的如基督教、伊斯兰教也都大体如此——尽管宗教本身在不断发展，但是其基本的价值观念和道德要求保持稳定。因此，与人类社会的发展变化速度相比，宗教社会道德生活的变化速度极为缓慢。千年以前的《圣经》《古兰经》《佛经》依然为现代社会中的人们所崇奉。

宗教社会道德生活的整体性、单一性、稳定性特点使宗教价值观念能够很好地贯彻落实于现实生活之中。或者说，在宗教社会里，宗教的价值观念、宗教所宣扬的理想道德生活很大程度上已经转化为了现实的道德生活，人们通过道德思考形成的伦理主张已经演变为人们的现实生活中的道德习惯。在这一转化的过程里，宗教信仰、宗教戒律、宗教仪式都发挥了重要的作用。其中，宗教信仰使人们能够自觉地贯彻执行宗教的道德原则和道德规范；宗教戒律则将宗教的道德原则直接转化为人们在生活中应当遵守和执行的具体行为规范；宗教仪式则使人们在日常生活中通过具有象征意义的行为强化人们对于宗教道德观念的认识与情感，从而使宗教的道德观念和伦理主张以各种方式源源不断地向现实生活渗透，在现实生活中凝结。

二、宗教信仰：宗教道德向生活渗透的自觉力量

宗教信仰，或曰灵性信仰，被某些学者认为是宗教的核心、本质。即宗教不一定需要有实体性的神灵的存在（如佛教），但是它一定需要有对某种超然力量的信仰。无论对宗教的本质如何理解，毋庸置疑的是，宗教信仰是宗教不可或缺的重要组成部分，不讲信仰的宗教是不存在的。而宗教恰恰是借助于人们对于超然力量的信仰，使人们自觉地将宗教的道德原则和道德要求贯彻于生活之中，从而使宗教信仰成为宗教道德向生活渗透的自觉的精神力量。

（一）宗教信仰蕴含人类自觉的终极关怀

信仰是宗教不可或缺的重要构成因素。不同的宗教有不同的宗教信仰，如基督教中人们信仰上帝，信仰天国；伊斯兰教中人们信仰安拉，信仰天使；佛教中人们信仰佛理佛法，信因果报应、轮回转世；而在原始的自然宗教中，人们信仰的是凌驾于人类之上的自然的威力。无论其信仰如何不同，有一点是共同的，即它们都是在对现实道德关系的认识与批判基础上所形成的对理想道德关系的追求。换言之，宗教信仰中包含着人们对现实道德生活的不满以及对理想道德生活的渴望与追求，因而其中蕴含着人们自觉的终极关怀。

1. 任何宗教的产生都是源自对现实社会关系的反思和批判，而这又恰恰是其终极关怀形成的源头和基础

在原始的自然宗教中，由于生产力水平极为低下，人们处于对自然的绝对依赖关系之中。自然界的风、雨、雷、电、洪水等自然力量对于人们的生产乃至生存都构成了极大威胁，于是人们信奉这些自然“神力”，对之顶礼膜拜——在河水泛滥之时以丰盛的牺牲敬献以讨好河神；在久旱不雨之时虔诚地祈祷天神将雨露降临人间。《吕氏春秋·季秋篇》中记载了商汤“桑林祷雨”的故事。汤征服夏之后，天下大旱，五年不收。汤于是“以身祷于桑林”，“民乃甚说，雨乃大至”。显然，对自然神力的信仰与敬畏实乃出自对人与自然不和谐关系的修正。

人类社会进入文明社会以后所产生的各种宗教，如基督教、伊斯兰教、佛教，实际上也是人们对现实社会关系、社会状况进行批判的结果。罗马帝国时期，奴隶主阶级的专制统治以及对被征服地区和人民的暴政，使得阶级矛盾十

分尖锐。其中，被奴役状况尤为深重的犹太人被迫起义，却遭到罗马奴隶主阶级的镇压、驱赶和屠杀。人生的出路何在？人生的希望何在？人们在现实世界无法找到答案。他们或者“从最下流的肉体上的享乐中寻求解脱”，或者“俯首贴耳地服从于不可避免的命运”①。于是，公元1世纪，在犹太教的基础上，分化出一个新的教派——基督教。“它的产生和发展可以说是罗马帝国政治、精神趋于崩溃的表现，是被压迫阶级和被压迫民族对罗马帝国统治的不满和反抗的一种表现。”② 伊斯兰教兴起于7世纪初的阿拉伯半岛，其创始人是穆罕默德。6世纪末至7世纪初，阿拉伯半岛开始进入氏族部落解体、阶级社会形成的历史新时期。阶级分化必然导致阶级矛盾和阶级冲突，而部落之间为了掠夺土地和财富也不断进行血腥仇杀。波斯帝国对阿拉伯半岛的蚕食更是加深了业已形成的社会矛盾。为了将阿拉伯半岛统一起来，结束半岛国家内部的纷争以及外族的侵略和统治，穆罕默德创立了伊斯兰教，以一神取代了原来存在于阿拉伯半岛的多神，使阿拉伯半岛国家有了统一的精神信仰。佛教产生于印度。当时的印度处于婆罗门教统治之下，并实行着严格的种姓制度。在婆罗门、刹帝利、吠舍、首陀罗四个等级中，首陀罗地位最低，受着非人的待遇。同时，依据婆罗门教，婆罗门可以通过完成复杂的祭仪而跳出生死轮回，得到最后的解脱；刹帝利、吠舍必须在婆罗门的指引下，经过长期艰苦的修行与轮回之后，才有可能实现最后的解脱；首陀罗则永远无法解脱，他们只能在无休止的轮回中永远品尝人生之苦，对他们而言，生活根本没有任何希望。显然，首陀罗不甘心自己的命运，内部逐渐贫富分化的吠舍以及政治力量不断提升的刹帝利也都开始对种姓制度表示出不满。在这种背景下，宣扬众生平等、皆可解脱的佛教应运而生。

由上可见，宗教产生于这样一种无奈：既有的社会关系已经激起了人们的不满，而人们又无法在现实生活中变革不合理的社会关系，于是转而在精神层面寻求解脱，纷纷把希望寄托给了来世或者彼岸。

---

① 恩格斯：《布鲁诺·鲍威尔和早期基督教》，《马克思恩格斯全集》第19卷，北京：人民出版社，1963年版，第333—334页。

② 罗国杰，宋希仁：《西方伦理思想史》（上卷），北京：中国人民大学出版社，1985年版，第313页。

2. 在对现实社会关系批判的基础上，在对人生出路的思考之上，人们形成了对于终极价值的追求，而这正是通过宗教信仰表现出来的

考察各种宗教信仰，我们可以发现，宗教信仰的对象——自然神、上帝、安拉、佛法都是“至善”的化身，对他们的追随可以引导人们最终享受幸福的生活。自然神掌控着自然界，掌控着人类的生存。在人们的心目中，自然神能够赏善罚恶——天有灾异，必是人类行恶的结果；天有祥瑞，必是人类行善的反映。因此，人类想要风调雨顺，生产丰收，必须按照天意行事。基督教中，上帝创造了宇宙和人类，由于人类继承了亚当、夏娃的原罪，失去了善性而具有了为恶的可能。人的一生因此处于永不停歇的赎罪之中，最根本的就是要求人类要爱上帝、信上帝、服从上帝，这是人类最高的善。在这一过程中，通过不断的道德修为，救赎自己的灵魂，实现与上帝的结合（进入天国），最终获得永生。伊斯兰教信仰的核心是信安拉。以之为基础，还包括信天使、信经典、信先知、信后世、信前定。真主安拉，安拉是宇宙万物的主宰，是善恶的裁判官。世界末日来临之后，所有死去的人都将复活，安拉将对每一个人的一生进行评判和赏罚，善者进入天园，恶者进入火狱。因此，人们应当在对安拉的信仰下遵从善道，以期后世进入永享幸福的天园。佛教的信仰、教义虽有不同，但是它也同样主张人们此生行善，证悟佛法，最终达到涅槃境界，从而跳出轮回转世，进入不生不死的“极乐世界”。可见，宗教信徒通过对上帝、安拉、佛法等的信仰所要达到的终极目标是“天堂”“天园”“极乐世界”。那么，这些终极目标是怎样的？伊斯兰教和佛教经典中都做了具体的描述：

《古兰经》运用大量美好的词汇和字眼描绘天园（也称“天堂”），为人们呈现出一块令人神往的圣土。天园的环境十分优美，四季如春，人们既“不觉炎热，也不觉严寒”（第 76 章第 13 条）。在天园里，有许多河流，“其中有水河，水质不腐；有乳河，乳味不变；有酒河，饮者称快；有蜜河，蜜质纯洁”（第 47 章第 15 条）。天园中有各种各样的水果，有“无刺的酸枣树”、“结实累累的香蕉树”，这些水果产量丰富，四时不绝（第 56 章第 28—33 条），人们在树荫之下、清泉之滨，尽情地享受他们爱吃的水果（第 77 章第 41、42 条）。天园里的人摆脱了贫穷，过着富裕、悠闲的生活。他们佩戴金质的手镯和珍珠，穿着绫罗绸缎，睡的是珠宝镶成的床榻，用着银盘和玻璃杯；他们用“晶莹如

玻璃的银杯”馔饮“含有姜汁的醴泉”（第 76 章第 15—17 条）；“许多长生不老的少年，轮流着服侍他们”（第 76 章第 19 条）。在乐园里，人们享受着纯洁的配偶；男子可以得到“白皙的、美目的女子”（第 44 章第 54 条）作为伴侣，女子则可以保持处女之身，她们“依恋丈夫，彼此同岁”（第 56 章第 37 条）。天园中的人相处十分和谐融洽，人与人之间没有了怨恨，成为弟兄。“听不到闲谈，只听到祝愿平安”（第 19 章第 61 条）。总而言之，天园的生活是幸福的，生活在天园之中，人们可以享受自己所意欲的“幸福”（第 25 章第 16 条），并且“不再尝死的滋味”（第 44 章第 56 条）。

佛教《佛说阿弥陀经》中也描述了一个理想的“净土”——极乐世界。“其国众生，无有众苦，但受诸乐，故名极乐”。“极乐国土，七重栏楯，七重罗网，七重行树，皆是四宝周匝围绕，是故彼国名为极乐”。“极乐国土，有七宝池，八功德水，充满其中，池底纯以金沙布地。四边阶道，金、银、琉璃、玻璃合成。上有楼阁，亦以金、银、琉璃、玻璃、砗磲、赤珠、玛瑙而严饰之。池中莲花大如车轮，青色青光、黄色黄光、赤色赤光、白色白光，微妙香洁”。“彼佛国土，常作天乐。黄金为地。昼夜六时，雨天曼陀罗华。其土众生，常以清旦，各以衣祴盛众妙华，供养他方十万亿佛，即以食时，还到本国，饭食经行”。“彼国常有种种奇妙杂色之鸟：白鹤、孔雀、鹦鹉、舍利、迦陵频伽、共命之鸟。是诸众鸟，昼夜六时，出和雅音。其音演畅五根、五力、七菩提分、八圣道分，如是等法。其土众生，闻是音已，皆悉念佛、念法、念僧”。“彼佛国土，无三恶道”。“其佛国土，尚无恶道之名，何况有实。是诸众鸟，皆是阿弥陀佛，欲令法音宣流，变化所作”。显然，极乐世界也是一个幸福的乐园。在那里，没有贫穷，没有饥饿，没有丑恶，没有死亡。生活于其间，人们可以永享快乐和幸福。

根据上述描述，宗教信仰中的终极目标都内在地包含着如下价值追求：环境优美，物质财富极为丰富，人们不再贫穷，不再遭受冻馁；人与人之间充满了友善，再无怨恨和纷争；人们无忧无虑，舒心快乐，再没有任何烦恼和忧愁；人们获得了永生，再也不需要面对死亡。应该说，这些都是人们所能想象出的幸福生活的景象，它从根本上反映的始终是人们对于幸福的向往和追求，以及人们对于理想道德生活的憧憬。这正是宗教信仰内涵的终极关怀。

（二）宗教信仰促进人们自觉的自我超越

“信仰作为一种在‘终极关怀’意义上牵导着人的价值创造源头的精神机制，它不但是对人类价值创造物的肯定和自觉，而且是对人类整个价值创造过程的肯定和自觉。”① 在宗教信仰的作用下，人们会自觉地按照宗教的价值观念对自我和社会进行改造，并且在这一过程中获得享受。因此，“信仰的本质，归根结底是人类的一种自我超越”，它引导人类“超越有限追求无限、超越匮乏追求完满、超越偶然追求确定、超越现实追求理想”②。

1. 终极目标的实现依赖于人的自我超越

如前所述，宗教信仰中蕴含的终极关怀是人们对理想社会关系的追求。既然是理想，就一定不是现实，而是对现实的超越。与理想社会关系（天堂、天园、极乐世界）相匹配的是至善之人。人们要想实现终极目标，享受幸福，就必须达到配享幸福的条件。而要配享幸福，就必须进行艰苦不懈的道德修持，不断超越自我，成就理想道德人格。人的自我超越主要包括两个方面。一是超越个体的限制，即不局限于一己之“小我”，而是突破个体的限制，以博大的胸怀将天下人纳入自己的关心关怀之下——无论对方是善是恶，从而实现“大我”。如基督教教导人们“爱人如己”，“有人打你的右脸，连左脸也转过来由他打。有人想要告你，要拿你的里衣，连外衣也由他拿去。有人强迫你走一里路，你就同他走二里路。”“要爱你的仇敌，为那逼迫你的人祈祷。”佛教也教导人们应当“慈悲为怀”，扶弱济贫。这都是要求人们消泯人我之界限，消除人我之间的隔阂，实现人我合一。二是超越肉体的限制。人都是肉体之躯，有肉体就必然有情欲。可是，在基督教看来，情欲是一种恶，正是由于亚当与夏娃在毒蛇的引诱下吃了智慧之果产生了情欲，人类才被赋予了原罪。人的一生应当尽力行善，以获得“救赎”。在佛教中，世界的本原是“空”，世间万有最终也都要回归于“空”。因此，人不要在情欲的支配下有所追求、有所执着，而应抛却一切情欲，认真了悟佛理佛法，如此才能去除无明烦恼。总之，人们只有克制情欲，灭除情欲，才能追求精神的自由，并不断向终极目标靠近。

---

① 荆学民：《当代中国社会信仰论》，北京：人民出版社，2008 年版，第 65 页。

② 荆学民：《当代中国社会信仰论》，北京：人民出版社，2008 年版，第 58 页。

2. 宗教信仰促成人们坚定的道德意志

信仰虽然不一定是科学的，但一定是深信不疑的，是持之以恒的。朝三暮四，知难而退，都不是有信仰的表现。宗教信仰促使人们能够以坚定的意志克服追求终极目标道路上的一切困难，并且义无反顾，勇往直前。当面对诱惑时，心中能够有所持守，抵制住外在的诱惑，不做违反宗教教规的事情，不至于滑入“恶”的旋涡。当自己的行为没有被人们所理解，或者自己的善心、善行被人们所误解，从而遭受旁人的指责乃至谩骂时，能够始终坚守内心的道德信念，一如从前。当自己的道德实践遭遇困难，面临挫折时，能够不畏艰难，不惧失败，迎难而上，克服困难，实现自己的道德目标。在坚定道德意志的支撑下，人们获得了不断超越自我、实现终极目标的精神力量，也只有这种“坚忍的人”才得以享受“真主的报酬”（《古兰经》第28章第80条）。

3. 宗教信仰成就人们笃定的道德行为

存在于人的精神领域的信仰必须通过人们的现实活动表现出来，也就是说，信仰不仅是对终极目标的设计、向往与追求，而且是依据终极目标对现实生活的变革与改造。由于人们在追求终极目标、变革现实生活的过程中有信仰的指引和支撑，因此他们对于自己行为的意义和价值充满肯定，于是其行为缺少犹疑而更显笃定。一方面，由于在宗教信仰的指引下，人们有着统一的价值观念，因此人们能够做出与宗教价值观念相统一的道德判断和道德选择，从而做出合乎“善”的道德行为。另一方面，当不同利益之间发生矛盾和冲突时，人们始终能够坚守宗教信仰，坚持宗教价值观念，为信仰而牺牲，为追求终极目标而牺牲。

可见，“人类信仰的本质就是自由自觉的主体力图自觉地对现实关系的积极地创造性克服，它不仅是适应世界而且是改造世界，不仅趋利避害有效有用，而且是合法合理尽善尽美”①。在宗教信仰的驱动下，人们以坚定的意志，以持之以恒的行动，不断地追求自我超越，不断地追求终极目标。

当人们对终极目标的追寻通过人们坚定的意志以及持之以恒的行为普遍地表现出来，在无形之中就形成了大家共同认可并坚决遵守的生活秩序。这种生

① 顾伟康：《信仰探幽》，上海：上海教育出版社，1993年版，第27页。

活秩序体现的是特定宗教的价值观念，它为宗教社会中的人们所普遍、自觉地认同和遵守。宗教所追求的理想道德生活被人们自觉地转化为了现实的道德生活。

三、宗教戒律：宗教道德向生活秩序渗透的重要中介

在宗教社会理想道德生活向现实道德生活的转化和过渡的过程中，仅仅只有人们虔诚的宗教信仰是不够的。在依靠人们高度的自觉性的同时，宗教社会也十分重视通过制度的制定与执行来保障宗教道德在生活秩序中的最终实现。通常情况下，宗教社会由于实行政教合一，因此，宗教戒律往往成为宗教社会各种社会制度（尤其是法律制度）的重要源泉。

（一）宗教戒律：宗教伦理精神的客观表现

宗教信仰最终必然转化为人们的现实行为，当然，这种行为不是人们的随意妄为，而是有所依据，有所规范，其具体行为准则就是宗教戒律。宗教戒律是宗教伦理精神的具体化、客观化，是以宗教伦理精神为依据对人与神、人与人关系的具体规定。通过宗教戒律，确立了人与神、人与人之间的基本秩序，同时也为宗教信徒确立了一般的行为模式，成为宗教信徒行为模式的基本来源。

基督教《圣经·出埃及记》中记载了这样一幕：当摩西带领以色列人离开埃及来到西奈山脚之时，神（耶和华）让摩西上了山顶，向他吩咐了如下要求："我是耶和华你的神"，"除了我以外，你不可有别的神"，"不可为自己雕刻偶像……不可跪拜那些像，也不可侍奉他"，"不可妄称耶和华你神的名"，"当记念安息日，守为圣日"，"当孝敬父母"，"不可杀人"，"不可奸淫"，"不可偷盗"，"不可作假见证陷害人"，"不可贪恋人的房屋，也不可贪恋人的妻子、仆婢、牛驴，并他一切所有的"。显然，这些戒律都是对人的行为的规定，而其中所体现的无不是对神的爱与忠诚，以及对他人的爱——这些都是基督教中最为基本的伦理精神。佛教主张一切皆空，众生平等。如何做才能符合佛教的规定？佛教中丰富的戒律为人们指明了方向。佛教戒律中最为基本的是"五戒"：不杀生、不偷盗、不邪淫、不妄语、不饮酒。在此基础上再增加"不以香料饰身，不观听歌舞，不坐卧华丽大床，不食非时食，不畜金银财宝"等，是为"八戒""十戒"。显然，这些戒律都是要求人们抛弃情欲，不为外物所诱，平等对待芸

芸众生；这与佛教的道德观念完全吻合。而这些戒律正是人们行为的基本规范，是人们进入涅磐境界的必由之路。否则，“五戒不持，人天路绝”①，就是说，不遵守基本的戒律，人是无法进入“极乐世界”的。正因为此，遵从戒律是佛教徒修行的根本和起始。《广弘明集》中这样说道：“故正教虽多，一戒而为行本，其由出必由户，何莫由斯戒矣。”② 元来也这样指出：“凡欲修行，翻前恶境，并起善心，其断恶修善，以戒为本。若无戒律，一切善法，悉无以成。”③ 可见，戒律是帮助人们“断恶修善”的，其中必然包含有宗教的基本道德观念，并且由于戒律本身就是规范，因此它在客观上也为人们提供了具体的行为模式。宗教戒律是宗教道德观念与行为规范的统一体。

除了以上这些具有一般性的道德戒律之外，各宗教对于人类社会生活的方方面面都有所规范和约束。仍以当代世界普遍存在影响较大的伊斯兰国家为例，《古兰经》中记载了大量的对人们行为的具体规定。

涉及经济领域的，如“不要借诈术而侵蚀别人的财产，不要以别人的财产贿赂官吏”（《古兰经》第 2 章第 188 条，以下所引只注章节）；“禁止利息”（第 2 章第 275 条）；“当放弃余欠的利息”（第 2 章第 278 条）；“应当把孤儿的财产交还他们，不要以（你们的）恶劣的（财产），换取（他们的）佳美的（财产），也不要把他们的财产并入你们的财产，而加以吞蚀。这确是大罪”（第 4 章第 2 条）；“你们应当把妇女的聘仪，当作一份赠品，交给她们。如果她们心甘愿情地把一部分聘仪让给你们，那么，你们可以乐意地加以接受和享用”（第 4 章第 4 条）；“你们当试验孤儿，直到他们达到适婚年龄；当你们看见他们能处理财产的时候，应当把他们的财产交还他们；不要在他们还没有长大的时候，赶快浪费地消耗他们的财产。富裕的监护人，应当廉洁自持；贫穷的监护人，可以取合理的生活费。你们把他们的财产交还他们的时候，应当请人做见证。真主足为监察者”（第 4 章第 6 条）；“析产的时候，如有亲戚、孤儿、贫民在场，你们当以一部分遗产周济他们，并对他们说温和的言语”（第 4 章第 8

① 元来：《宗教答响》一，《无异元来禅师广录》卷二一。

② 《戒功篇序》，《广弘明集》卷二七上。

③ 元来：《宗教答响》一，《无异元来禅师广录》卷二一。

条)。

涉及婚姻家庭领域的如:“不要娶以物配主的妇女,直到她们信道。……不要把自己的女儿嫁给以物配主的男人,直到他们信道”(《古兰经》第2章第221条);“不要娶你们的父亲娶过的妇女”(第4章第22条)。对于休妻,《古兰经》中也做了详细规定。“被休的妇人,当期待三次月经;她们不得隐讳真主造化在她们的子宫里的东西”(第2章第228条);“如果他休了她,那么,她以后不可以做他的妻子,直到她嫁给其他的男人。如果后夫又休了她,那么,她再嫁前夫,对于他们俩是毫无罪过的”(第2章第230条)。“做母亲的,应当替欲哺满乳期的人,哺乳自己的婴儿两周岁。做父亲的,应当照例供给她们的衣食。……如果做父母的欲依协议而断乳,那么,他们俩毫无罪过。如果你们另顾乳母哺乳你们的婴儿,那么,你们毫无罪过,但须交付照例应给的工资”(第2章第233条);“弃世而遗留妻子的人,他们的妻子当期待四个月零十日”(第2章第234条);“如果你们休了她们……须以离仪赠予她们;离仪的厚薄,当斟酌丈夫的贫富,依例而赠予”(第2章第236条);“你们中弃世而遗留妻子的人,当为妻室而遗嘱,当供给她们一年的衣食,不可将她们驱逐出去。如果她们自愿出去,那么,她们关于自身的合礼的行为,对于你们是毫无罪过的”(第2章第240条),等等。

涉及日常生活领域的如:饮酒和赌博“这两件事都包含着大罪”(第2章第219条)。“在朝觐中当戒除淫辞、恶言和争辩”(第2章第197条)。“你们当谨守许多拜功,和最贵的拜功,你们当为真主而顺服地立正”(第2章第238条)。“你们当坚忍,当奋斗,当戒备,当敬畏真主,以便你们成功”(第3章第200条)。“当你们完成拜功的时候,你们当站着、坐着、躺着记念真主。当你们安宁的时候,你们当谨守拜功”(第4章第103条)。“不要替自欺者辩护”(第4章第107条)。

通过这些具体的戒律,宗教成功地为人们规定了各个生活领域中既定的行为模式;超出戒律的限度,都是恶,都是罪。而且,在宗教戒律的作用之下,遵循既定的行为模式已经成为人们的行为习惯。无怪乎托马斯·李普曼这样说道："伊斯兰教不仅是一种宗教"，而且"是一种生活方式"①。这一判断对于其他宗教同样适用。人们只要信奉了一种宗教，实际上就是接受了并且实践着一种特殊的生活方式。这也就意味着某种行为模式已经成了其生活中自然而然的一部分。而且他们深信，严格遵守宗教戒律，严格按照神的要求行事，定将获得福报。这种坚信反过来又进一步强化了他们对于宗教戒律的认同和遵守。

（二）宗教戒律：法律制度的重要内容

宗教戒律不仅是人们行为模式的基本来源，而且在宗教国家，宗教戒律甚至成为了法律制度的重要源泉。同时，由于宗教戒律几乎涉及了社会生活的方方面面，对社会生活各个领域内的活动都进行了规范，因此，宗教戒律往往也就成为宗教社会的法律。《古兰经》就是伊斯兰国家最基本的法律渊源。

在古代的伊斯兰国家，由于人们深受伊斯兰教的影响，因此《古兰经》中所记载的真主安拉为人类社会所制定的诸多规范和戒律，都是"真主的法度"（《古兰经》第 4 章第 13 条），都具有法律的效力。遵守它、服从它的人将进入乐园，永居其中；违反它的人将进入火狱，"受凌辱的刑罚"（《古兰经》第 4 章第 14 条）。据《古兰经》记载，真主要求人们必须"完纳天课"。所谓"天课"，就是有资产者在按照法律的规定向国家纳税以后，再抛除全家人必要的生活费用后，所结余的部分按照一定的比例出散给贫穷之人。这不仅是伊斯兰教法，而且是伊斯兰国家的法律。完纳天课者受偿，会获得福报；逃避天课者则是犯罪，必将受罚。"天课"制度构成了伊斯兰社会保障体系的重要组成部分。当人们无法在《古兰经》中找到行为依据时，圣训——穆罕默德的言论、行为或默示就成为重要的补充。此外，"公议"（教法学家的一致意见）以及类比（比照《古兰经》或圣训中最相类似的方法处理）也是伊斯兰法的重要内容②。可见，在古代社会，人们在社会各领域的行为依据以及对行为进行处理的依据基本都是伊斯兰教的教义。因此可以说，在古代社会，伊斯兰教的教规戒律在社会生活中就发挥着法律的功能和作用。事实上，由于古代社会中，伊斯兰国

① 托马斯·李普曼：《伊斯兰教与穆斯林世界》，北京：新华出版社，1985 年版，第 90 页。

② 肖光辉：《法律移植与伊斯兰法》，《亚非法律文化专题研究》，第 375 页。

家实行的是政教一体。“宗教是国家的基础，伊斯兰国家起源于安拉的意志，捍卫沙里亚的神圣地位是伊斯兰国家的根本目的。”① 因此，伊斯兰教的教规戒律借助于国家强力直接成为伊斯兰国家的法律，也是一种必然。

随着社会的不断发展，原有的伊斯兰教法已经无法适应社会的需要。近代以来西方势力向穆斯林的殖民使西方的文化及价值观念开始向伊斯兰国家渗透，这也促进了伊斯兰法对西方法律的移植。在这个过程中，伊斯兰国家大量学习和吸收西方的法律精神，建立了自己的法律。但是，现代伊斯兰国家的法律体系中仍然夹杂有大量的伊斯兰教法，尤其是在婚姻家庭和继承等与人们的日常生活休戚相关的领域，由于宗教精神、理念在人们内心已经根深蒂固，并且已经成为人们的一种习惯或者风俗，伊斯兰色彩还是十分浓厚。例如，《古兰经》中所确认的“一夫多妻”制在一些伊斯兰国家（如沙特阿拉伯）仍然有所存留，并且是其婚姻家庭法律制度的基本内容。这其实就源自于《古兰经》中确认了一个男人最多可以有 4 个妻子，超过了 4 个，就是违法犯罪。

宗教戒律向国家法律的渗透或转化，使宗教戒律中蕴含的道德观念借助于“专门班子”的强制力量在社会生活中发挥作用，进一步强化了宗教道德精神在现实生活中的实现，同时也使得伊斯兰教徒在长期生活中逐渐形成了固定化的行为习惯和特有的风俗，并且一直被沿袭下来，经久不衰，深入骨髓。例如，直至现在，一些传统的伊斯兰妇女仍然头戴面纱，将身体彻底包裹起来，认为将胳膊、腿露出来都是一种邪恶。可以这样说，《古兰经》中的伦理道德观对伊斯兰社会生活方式产生了巨大的影响：“《古兰经》中有关善恶的伦理道德律令，诸如为人正直、以德报德、赈济贫者、不欺负妇女，认真履行‘五功’及合理继承遗产等，构成了伊斯兰教特有的伦理道德生活。”②《古兰经》中的道德观念“积淀为人们的社会生活方式的深层心理结构，并规定着人们的社会心理和宗教情感，从而使伊斯兰教各民族对自己的生活方式更加充满了信心和激

① 哈全安：《伊斯兰世界的宗教与国家》，《史学理论研究》2006 年第 1 期。

② 杨晓峰：《〈古兰经〉的伦理道德观对伊斯兰社会的影响》，《河北师范大学学报》（哲学社会科学版），2002 年第 4 期。

情"①。

尽管现代的伊斯兰国家与古代社会的伊斯兰国家有了很大的区别，但是，宗教在这些伊斯兰国家仍然发挥着重要的作用，其地位不可小觑。尤其是随着东西方文明之间的冲突，伊斯兰教在整合社会中的作用日益突显。

四、宗教仪式：强化人们宗教信仰的日常生活形式

宗教对于人们的影响力之大，不仅在于宗教信仰的养成、宗教戒律的规约，还在于日常生活中经常性的宗教仪式对人们宗教信仰的持续强化，恰恰是这种经常性的宗教仪式将零散个体的宗教信仰者组织起来，并且为其找到了归属。

（一）宗教仪式强化人们的宗教道德观念

仪式是宗教的一个显著特征。每一种宗教都有其特定的宗教仪式。在这些宗教仪式中，有的是群体性的，有的是个体性的。群体性的宗教仪式如礼拜和朝觐，个体性的宗教仪式如斋戒。无论何种宗教仪式，它的一个重要功能就是通过仪式的表达，从积极和消极两个方面强化人们的宗教道德观念。通常，宗教仪式也是每一位教徒必须做的"功"。借用伊斯兰教的用语，宗教仪式有念功、礼功、斋功、课功、朝功。

如果按照图尔干根据仪式的态度对宗教仪式的划分，宗教仪式分为"消极膜拜"和"积极膜拜"。"苦行仪式"属于消极膜拜；斋戒就是"苦行"的重要形式之一。伊斯兰教有"斋月"，即每年回历九月，成年穆斯林白天（黎明后至日落前）须戒除饮食和房事。佛教也是主张吃斋，禁绝肉食。斋戒的功能在于通过诸如禁食这样的行为来划清与世俗生活的界限，从而使自身得到"纯化和圣化"，逐步接近"神圣世界"②。

念功、课功、礼拜、节日（纪念仪式）和朝觐（祭祀）则都属于积极膜拜。念功，佛教中是诵念佛经，伊斯兰教中是念清真言。念的内容虽有不同，但都是诵念与本宗教有关的经文，而且绝对不能躺着念、笑着念，而必须恭敬

---

① 杨晓峰：《〈古兰经〉的伦理道德观对伊斯兰社会的影响》，《河北师范大学学报》（哲学社会科学版）2002 年第 4 期。

② ［法］爱弥尔·图尔干：《宗教生活的基本形式》，渠东，汲喆译，上海：上海人民出版社，2006 年版，第 293 页。

地、严肃地诵念。在诵念的过程中，人们不但平复了心情，专注于宗教义理；而且通过反复的诵念，使经文更加牢记于心，强化了人们对宗教经典的理解。

课功作为一种功修，主要表现为通过行为行善积德，造福他人。伊斯兰教中的“天课”是其中的一种形式。与之相类似，佛教中的“乐善好施”“普度众生”，以及基督教中的慈善，都属于课功。通过课功，通过人们对宗教戒律的切身履行，人们现实地感受到宗教道德精神的熏陶。

礼拜是信仰的支柱，也是一种重要的宗教仪式。基督教、伊斯兰教都有礼拜，并有专门的礼拜日（基督教为星期日，伊斯兰教为星期五）。基督教以星期日为礼拜日，这源自《圣经》中对上帝创造世界过程的记载。上帝花了六天时间创造宇宙世界（包括人），第七天上帝休息了。于是，人类也应当在工作六日后，在第七日休息，去教堂做礼拜。伊斯兰教要求人们每天做五次礼拜，每周做一次聚礼拜（教堂），每年做两次会礼拜（古尔邦节和开斋节的礼拜）。通过礼拜，强化人们对于神灵的感恩和虔敬；同时，礼拜也敦促人们不断地自我反省、忏悔，迁善改过。宗教中也有很多宗教性的节日，如基督教中的圣诞节，其最初的功能在于通过集体娱乐的方式欢庆上帝的诞生，并且以风俗的形式将宗教观念延续下去。

朝觐对于穆斯林是一种十分重要的仪式活动，也是每一位有经济能力和健康身体的成年穆斯林必须履行的一项宗教义务。伊斯兰教历的 12 月 10 日为法定的朝觐日期。在伊斯兰教中，麦加是伊斯兰教的圣地，朝觐时，来自各地的穆斯林聚集在麦加，一起祈祷、吃饭和学习。他们按照穆罕默德制定的宗教礼仪举行朝觐活动：受戒——举行瞻礼——环游天房——站驻阿拉法特山——谢石——宰牲——再次环游天房。朝觐仪式的过程贯穿着一系列宗教道德观念：受戒要求人们洁净身躯，男子只用两块未经缝制的白布分别裹住上身和下身，不穿内衣，不戴帽子，不穿袜子，不穿缝制的鞋；妇女则穿平时的衣服，但不可蒙面、化妆，不可裸足。这意味着以洁净之身进入圣洁之地，人们的身份地位不因为穿衣戴帽而有差别。瞻礼就是观瞻天房并盛赞真主——其寓意在于表示自己是听从真主的召唤而来，并且愿意虔诚、恭敬地侍奉真主。环游天房就是按照逆时针方向环绕天房行走 7 圈——众多穆斯林在同一时间同一地点以相同的节奏做同一动作，表现出团结、有序的精神风貌。站驻阿拉法特山就是朝觐者须到位于麦加东南25公里处的阿拉法特山停留一天——意在纪念人类友好团聚，同时忏悔过失、罪孽，并祈求得到宽恕。谢石要求朝觐者在阿格白用碎石击打三处象征魔鬼所在的地方——意在表达人类对魔鬼和邪恶的痛恨，坚定信守信仰的决心。宰牲就是屠宰牛羊以祭祀先祖——表达对先祖舍身取义精神的纪念。

此外，在宗教社会里还有许多与日常生活密切相关的仪式（如婚礼、葬礼）也都具有宗教的意味。基督教的婚礼一般在教堂举行，要请牧师为其主持；基督教的葬礼也一般要请牧师为其主持。再如洗礼、成年礼，无不具有宗教的含义。

如上诸多的宗教仪式蕴含着丰富的文化内涵，它实际上是在不断地强化神人关系，使人们在仪式中得到心灵的慰藉、获得心灵的寄托，从而使人们的宗教信仰不断得到强化和巩固。当借助这些渗透于日常生活之中的具有浓厚的宗教意味的仪式时，宗教的道德观念如涓涓细流，不断地浸入人们的思想意识之中，宗教的道德观念在日常生活中不断得到强化，并对现实道德生活产生深刻影响。

（二）宗教仪式营造良好的宗教道德环境

宗教仪式的另一个重要功能在于：群体性的仪式活动的开展，为人们营造了良好的宗教道德环境；或者说，宗教仪式得以举行的宗教场所为道德教育的开展提供了诸多有利条件。

首先，宗教仪式使个体在特定的时空中超越了一己的、物质的利益考虑，将自己的思想意识集中于社会利益和共同信仰之上。图尔干在《宗教生活的基本形式》一书中较为详细地阐述了这一观点。他认为，人们在平时的生活中关注的主要是个人的、物质的利益，烦琐的世俗的日常生活无法使人们从对自我的物质利益的关注中超脱出来，而宗教仪式的举行改变了这一点。宗教仪式首先打破了个体的限制，“使个体凝聚起来，加深个体之间的关系，使彼此更加亲密”，这是宗教仪式的“首要作用”①。由于宗教仪式多为群体性的活动，人们

① ［法］爱弥尔·图尔干：《宗教生活的基本形式》，渠东，汲喆译，上海：上海人民出版社，2006年版，第329页。

在活动的过程中可以彼此交流，互相沟通，相互影响，同时感受到群体的存在，因此它在很大程度上让信徒感受到了强烈的归属感。在这个特定的场所，个体所想到的不是个人，而是宗教教义，宗教精神，是人类的理想，个人的使命。"在这个时候，他们的思想全部集中在了共同信仰和共同传统之上，集中在了对伟大祖先的追忆之上，集中在了集体理想之上。……在每个人意识的视野中所见到的都是社会，社会支配和引导着一切行为……也就是在这个时刻，人们感觉到有某种外在于他们的东西再次获得了新生，有某种力量又被赋予了生机，有某种生命又被重新唤醒了。……人们发觉自己变得更加强大，更能全面地把握自己，不再像以前那样依赖于物质的需要了。"① 零散的个体变成了统一的整体，世俗的个体变成了追求超越的个体，理想、信仰在个体身上得到了强化，个体也在那一刻得到了升华。

其次，宗教仪式中蕴含的审美文化为道德教育提供了美好的氛围。宗教仪式作为一种文化活动，总是与美紧密相连，以美的形式传递美的内容，其仪式、其建筑、其音乐，无不给人以美的熏陶和享受。宗教建筑沉稳、庄严、肃穆，内部金碧辉煌，让人油然而生敬畏和景仰之情；宗教音乐（如唱诗班的歌唱、钟鼓和木鱼的敲击声等）平缓轻盈，富有韵律，有助于人们涤除妄念，平复心情；宗教仪式严肃虔诚，其内涵的道德观念随着宗教仪式的举行悄然浸润着人们的心灵。在这一过程中，宗教利用艺术使人们体验到宗教的神圣，感悟到宗教的真理。

宗教仪式在日常生活中的定期举行，为宗教道德定期对人们进行耳濡目染式的熏陶提供了便利，使宗教成为其日常生活的重要组成部分，并且衍化为人们日常的思维习惯和行为习惯。这对于宗教道德在生活中得到贯彻落实，促进宗教社会理想道德生活的实现发挥了重要作用。

五、宗教社会的瓦解及其道德生活的变化

从宗教社会道德生活的构建可见，信仰、戒律、仪式的共同作用使宗教社

① ［法］爱弥尔·图尔干：《宗教生活的基本形式》，渠东，汲喆译，上海：上海人民出版社，2006 年版，第 330 页。

会的道德观念广泛地渗透进人们的思想意识之中，在内在的精神力量、外在的道德约束以及日常的宗教活动的共同作用下，宗教社会的理想道德生活转化为了现实的道德生活。但是近代以来，宗教的势力日渐削弱，宗教社会的范围也在不断缩小，宗教社会正在逐步瓦解之中，这给宗教社会的道德生活带来了一丝变化。

（一）宗教社会的瓦解

宗教社会的瓦解并不意味着宗教在世界范围内的消失，而是意味着宗教对人的影响力和控制力以及整合社会的功能在削弱；宗教社会的瓦解也不意味着世界范围内所有的宗教社会都已经瓦解，而是指某些宗教社会的瓦解，尤其是欧洲中世纪的宗教社会。宗教社会的瓦解主要表现在：

人们的宗教信仰正在逐渐消褪。近代以来，神人之间的地位发生了变化，神的地位逐渐遭到颠覆，人的地位逐渐攀升。一方面，科学的发展直接宣告了上帝的死亡，在自然科学的一个又一个发现和证明之下，创世说对世界和人的起源的解释已经无法令人们信服。另一方面，中世纪神学统治下对人的压抑催生了人本主义，人的价值、人的尊严逐渐为人们所倡扬，而为了实现人的价值，维护人的尊严，就必须打破束缚于人们身上的神学锁链，使人们从神的捆缚下挣脱出来。于是人们听到了尼采那振聋发聩的声音："上帝死了！""重新估价一切！"上帝的"死亡"从根本上动摇了基督教的根基，基督教的信仰体系也随之坍塌。"在欧洲许多国家，人们开始有选择地挑选基督教的某些信仰，而不是全盘接受，这对传统基督教造成了很大的冲击。……信仰越来越多地脱离了一种关于神圣判罚的传统道德说教体系，对上帝的认识也越来越模棱两可。"① 这说明基督教从整体上正在遭受质疑，上帝也正在从神坛上陨落。没有了"信"的支撑，宗教信仰难以维系。

宗教戒律对人们的权威性逐渐弱化。现代社会流动性的增强也对宗教社会造成冲击。外来人口的加入以及内部人口的向外流动，在客观上松散了宗教社会的内部结构，弱化了发挥凝聚作用的宗教信仰。随着宗教信仰的消褪，加之

① ［英］斯蒂芬·亨特：《宗教与日常生活》，王修晓、林宏译，北京：中央编译出版社，2010年版，第138—139页。

多元文化的传播，人们的信仰体系越来越复杂，价值观念也越来越多样，基于坚定的宗教信仰而对宗教戒律的执着持守逐渐松懈，人们对于宗教戒律的遵守也更为灵活。耶稣告诫人们要“爱人如己”，别人打你的左脸，你就把右脸也送过去让他打。这样的戒律在当代崇尚权利的欧洲恐怕再难实行。即便是当今的伊斯兰国家和佛教国家，某些戒律（如妇女应在公共场所包裹住身体，不吃猪肉等）也不一定为一些教徒所遵守。

宗教仪式的宗教意义逐渐弱化和消减。宗教仪式是人们宗教情感表达的特殊方式，随着宗教信仰的消褪，人们参加、举行宗教仪式和宗教活动的比例正在逐渐下降。援引英国学者斯蒂芬·亨特所著《宗教与日常生活》一书中的数据，1911 年，英格兰和威尔士 50% 以上的孩子在礼拜日都会去教堂参加主日学活动（Sunday School Movement）；1961 年，这个数字降为 20%，1989 年为 14%，2000 年只有 10%。① 以下再援引他在此书中的一段数据：

一些宗教仪式幸存了下来，尽管是以社会习俗的形式出现在人们眼前。来教会举行婚礼、葬礼和受洗的人数仍然远远超过信徒或经常参加教会活动的人数。但是，这些意识也出现了明显的衰落。1880 年，几乎所有新生婴儿都接受了洗礼（尽管是在一段公认的时间之后，因为经过了这段时间，他们就有可能生存下来）。20 世纪 70 年代中期，英国每 1000 个存活婴儿中有 428 个接受了洗礼，1960 年的数字是 554 个。到了 1979 年，计算受洗人数的方法做了调整，但下降的趋势没有得到缓解。在英国圣公会，1885 年至 1950 年期间的受洗人数在 60% 和 67% 之间波动。1922 年为 53%。到了 1993 年，这个数字下降到了只有区区 27%。

与此同时，在教堂举行婚礼的人数明显减少。1929 年，英格兰和威尔士 56% 的婚礼在英国圣公会举行，1979 年为 37%。情况很可能是人们也许会选择在教堂接受洗礼和举行婚礼，但他们这么做的初衷不太可能是出于某种宗教动机。看上去给人的感觉好像是，重要的是这些仪式和庆典本身，

① 转引自［英］斯蒂芬·亨特：《宗教与日常生活》，王修晓、林宏译，北京：中央编译出版社，2010 年版，第 87 页。

而不是其中的‘宗教’内容。因此，从心理层面上说，人们或许希望用某种代表变化的标记来记录一些重大生活事件，但从本质上说，这些标识的‘宗教’意义越来越微弱了。①

以上描述和数据都显示了这样一个事实——在西方国家（原宗教国家），宗教仪式越来越不受到人们的重视，即便是正在进行的宗教仪式也并不一定是真正出于宗教的目的，宗教仪式的宗教意义已经趋于淡化。

强烈而专一的宗教信仰、对宗教戒律的坚定持守、对宗教仪式的热衷，是宗教社会的基本特点，这些特点的逐渐消失恰恰反映了宗教社会瓦解的趋势。

（二）道德生活的变化

宗教在社会生活中的衰退使宗教在塑造道德生活方面的作用也逐渐衰弱。宗教是宗教社会核心价值观的集中代表，以宗教为表征的价值观念和生活方式的消褪和变革，必然引发道德生活的巨大变化。

1. 由追求超越转变为注重当下

彼岸世界的幻灭使人们抛却了对来世的追求和对终极价值的向往，转而注重现世、注重当下。宗教社会的瓦解首先打破的就是宗教对于彼岸世界的设置。“上帝死了”，与上帝有关的一切于是宣告终结；来世不存在，天堂、天园、净土也都是虚幻。人们一直以来追求的终极价值、向往的精神家园成为虚空，自我超越失去了动力。人们不得不把视线从彼岸的天空转回现实的人间，并且意识到人能够把握的只是现世，只是当下；现世所有的、当下所有的才是最真实的，也是最重要的。于是，以宗教为依托建立起来的精神家园垮塌了，宗教社会的理想主义被世俗主义所取代。

2. 由整体主义转变为个人主义

宗教社会，每一个人都是上帝的子民，整个社会是一个大家庭，是一个整体，个人的尊严、权利笼罩于神的光环之中，并未得到尊重和重视。同时，爱是宗教社会道德生活的价值追求，在爱的要求下，人们追求的是利人，着眼的

---

① ［英］斯蒂芬·亨特：《宗教与日常生活》，王修晓、林宏译，北京：中央编译出版社，2010 年版，第 100 页。

是个人对他人、对社会的义务。宗教社会瓦解后，这种价值取向开始向其对立面转化。宗教社会的瓦解主要出现于资本主义率先发展的欧洲。与资本主义相伴而随的市场经济肯定并激发个人的利益和权利：追求自利是市场经济的本性，尊重权利是市场经济的价值内涵。生活于市场经济之中，追求个人利益的满足是个人的权利，个人利益的实现也必须依赖于权利的被尊重。个人利益的凸显使个人地位抬升，人们也更加注重个人利益和个人权利的实现。市场经济的建立和广泛发展使个人主义代替了整体主义，权利本位代替了义务本位。宗教社会倡导的整体主义和义务精神在总体上丧失了存在的阵地。

3. 由节制欲望转变为放纵欲望

由于各种宗教都对欲望持否定的态度，因此宗教社会的道德生活以节制欲望为基本表征。然而，市场经济下，商品货币的附魅使拜金主义、功利主义、享乐主义迅速抬头。对现世、当下的关注，对个人利益的追求，最终通过对商品货币的获取和占有得以实现。于是，商品、货币被供奉上了神坛，它们替代了宗教社会中的神灵，成为人们追求的终极目标（“商品拜物教”），并被视为实现幸福生活的现实保障。此外，市场经济的发展以不断刺激人的需求为前提，这为欲望的膨胀提供了温床。表现于道德生活领域，就是拜金主义、功利主义、享乐主义人生观、价值观的迅速抬头。“一切向钱看”，“天下熙熙，皆为利来；天下攘攘，皆为利往”，追求个人的感官物质享乐，这些现象开始在现实生活中大量滋生。整个市场经济也在人的欲望的不断膨胀之中跌跌撞撞地前行。

当“上帝死了”，人们心中没有了精神追求和精神家园，成为绝对的“世俗”之人；当人们忘却了整体的利益，忘却了自身对他人、社会担负的责任和义务，成为只看到个人权利和利益的人；当人们沉溺于金钱和物质堆儿中难以自拔，甘心情愿地受金钱和物质的引诱和控制，人也就成了“单向度的人”、平面的人、低级的人，而这给社会带来了一系列的道德问题。正因如此，美国学者大卫·埃尔金斯希望，“所有人，无论是教徒还是非教徒，都能学会接近神圣者，从而培育其灵魂，深化其精神生活”①。此话着实颇有道理。然而，我们不

① ［美］大卫·艾尔金斯：《超越宗教：在传统宗教之外构建个人精神生活》，顾肃、杨晓明、王文娟译，上海：上海人民出版社，2007年版 第7页。

得不努力探寻：在一个不相信神灵、不相信彼岸世界的“后宗教社会”，我们依托什么来培育现代人的灵魂，刺激他们产生对神圣性的追求？在一个充斥着物欲、利欲的社会，如何使人们摆脱对物质和功利的屈从和依附，依然保持自身的纯洁和对善的追寻？这显然是宗教社会瓦解之后重构道德生活必须面对和需要解决的难题。

第五章

当代中国生活秩序的变迁与道德生活的构建

通过前文对于中国古代社会以及宗教社会在构建道德生活方面较为成功的经验的分析，我们可以发现其中的某些共同之处：他们都十分重视生活秩序的建设，并且切实将体现和包含主流道德的道德主张转化成为一种“有效的”生活秩序。第一，他们借助于价值理性，使人们认为主流道德所倡导的生活秩序是理想价值的体现，从而使遵循相应的生活秩序成为人们的自觉选择。第二，他们使道德原则和道德规范以制度的形式表现出来，借助于“专门班子”的力量，形成对人们行为的强制约束，较为有效地实现了制度对生活秩序的促进和保障。第三，他们十分重视仪式的作用，借助于仪式，使道德原则和道德规范广泛渗透于人们的日常生活之中，成为人们在日常生活中普遍遵循的风俗和习惯。此外，对社会风俗的管理和引导，也是值得我们借鉴的有益经验。伦理道德向生活秩序的成功转化，以及生活秩序的成功设计，为理想道德生活的现实化创造了条件。因此，当代中国，要加强社会主义道德建设，构建充分体现社会主义核心价值观的良好的道德生活，必须注重对我国当前生活秩序的治理和建设，使社会主义核心价值观中所包含的道德原则和道德观念在社会制度和风俗习惯中得到贯彻和体现，切实地为人们所自觉遵守。

一、当代中国道德生活概况

尽管社会主义道德较封建道德、宗教道德具有更大的科学性和先进性，但是如果从道德主张向生活秩序的转化，即道德思考向道德习惯的转化角度看，我们仍然有必要从我国古代社会以及宗教社会中吸取有益的经验。客观地说，当代中国的现实道德生活与理想道德生活之间存在着一定的差距，换言之，社会主义道德原则和道德要求在一定的社会层面还没有很好地实现，这使得当代中国的道德生活在一定程度上陷于困境。

（一）社会主义道德展现的理想道德生活

我国是社会主义制度的国家，以马克思主义为指导思想，弘扬和践行社会主义道德。因此，社会主义中国的理想道德生活必然与社会主义道德的基本原则和基本精神相符合。社会主义道德以集体主义为基本原则，以为人民服务为核心。经过长期的思考和探索，2006 年 10 月，党的十六届六中全会明确提出了“社会主义核心价值体系”这一命题，指出：马克思主义指导思想、中国特色社会主义共同理想、以爱国主义为核心的民族精神和以改革创新为核心的时代精神、以“八荣八耻”为主要内容的社会主义荣辱观是其基本内容。2012 年 11 月，党的十八大报告进一步提出了社会主义核心价值观：“富强、民主、文明、和谐”，“自由、平等、公正、法治”，“爱国、敬业、诚信、友善”。通过这些表述，折射出社会主义理想的道德生活景象，概而言之，主要体现为以下几个方面：

1. 精神层面上，人们具有马克思主义坚定信仰，以马克思主义构筑自己的精神家园

人不仅有物质的需要，而且有精神的追求。社会主义理想道德生活的构建离不开有高尚道德追求的个体的存在。社会主义道德与马克思主义一脉相连，其本身是一个科学的体系，应当在引导人们成为有道德的人、过有道德的生活方面发挥主导作用。当代中国的理想道德生活有其科学的理论基础。它不依赖任何超验的神灵或者绝对精神来论证自身的合理性，而是把根基深深地扎在对人、对人类社会的科学认识之上。其对理想社会的设计、社会主义道德的基本原则和核心都是建基于其上。与之相对应，在精神层面，人们坚信马克思主义，自觉践行马克思主义；人们有高尚的道德追求，精神世界充实而且美好；人们能够以社会主义道德为标准，设计人生的道德理想，追求理想道德人格的实现。尤其是在多元文化并存、多种道德观念和价值观念交相杂陈的社会背景下，人们能够辨别是非善恶，自觉地抵制其他错误道德观、价值观的影响，始终坚持以社会主义的道德原则和标准严格要求自己。社会主义核心价值体系的提出，实际上就是对国人在道德理想、道德信念、道德操守方面提出的根本要求。

2. 制度层面上，自由、平等、公正、法治在社会中得以实现

近代以来，自由、平等、公正、法治已经成为社会的基本且普遍的价值追求。当前，它也成为社会主义道德的基本内容，以及社会制度的基本价值诉求，即自由、平等、公正、法治已经跳出了个人的道德呐喊，而是通过社会制度加以确认和保障，以使自由、平等、公正、法治在社会范围内得以实现。据此，我们理想的道德生活应当包含以下内容。

人们的自由权利得到肯定。首先，个体具有身体的独立性，他不附属于任何形式的组织或者个人而存在。他就是他自身，是独立的存在，因而也是自由的存在。其次，个体具有人格的独立性。他是自己命运的主宰者，按照自己的意志进行选择和行动，并对自己的选择和行为负责。从社会的角度，它应当为个体进行自由选择和行为提供充分且必要的条件，使个体有选择的机会和选择的能力。

人们的平等权利得到尊重。每个人虽然在年龄、性别、职业、受教育程度等方面不可避免地存在差异，并因而不可避免地存在事实上的“不平等”，但是从“人”的角度来看，都是平等的，拥有平等的人格——平等地享有权利，平等地履行义务；平等地参与社会活动，平等地享有社会资源；不受任何差别对待。

公平正义在社会中得到广泛实现。公平，就是正视各利益群体的正当利益，妥善协调社会各方面的利益关系，妥善处理各利益群体的矛盾，使其应得利益不受损害。正义，就是是其所当是，为其所当为。古语中“义者，宜也。”“义者，人之正路也。”都是此意。因此，公平正义的社会里：社会和谐，邪不压正。

法治理念得到普遍倡扬。社会主义法治理念是指关于社会主义法治的理想、信念和观念，是社会主义法治的内在要求、精神实质和基本原则的概括和反映。它包含五个方面的基本内容：依法治国、执法为民、公平正义、服务大局、党的领导。其中，依法治国是法治理念的核心。它要求：国家机关权力的行使以及各社会组织、团体、个人的行为都应该在法律的框架下合法进行，都要符合法律的规定，有法律依据；国家机关的执法行为以服务人民为根本目的。

自由、平等、公正、法治在社会的实现是人得以有尊严地生存的重要保障，

是人能够过真正“人”的生活的根本前提。而这也正是社会主义所追求的理想道德生活的应有之义。

3. 行为层面上，社会主义道德的基本原则和要求为人们普遍践行，社会风尚淳美

社会主义道德的基本原则是集体主义，社会主义道德的核心是为人民服务，它对公民的基本道德要求有：爱国守法，明礼诚信，团结友善，勤俭自强，敬业奉献。当社会主义道德在社会生活中被普遍践行，各方面的关系将处于和谐状态。

首先，个人与集体关系的和谐。社会主义道德中个人与集体关系的和谐建立在集体主义道德原则的基础之上。集体是每个成员利益的根本代表，它崇尚平等、公平、正义、人权，追求人们共同幸福的根本实现。因此，当个人利益与集体利益发生冲突时，个人能够坚持以集体利益为重，牺牲个人的暂时利益、局部利益以维护集体的长远利益和总体利益。但是，集体并不是只让个人做牺牲，而是十分重视个人利益和保障个人利益，并且努力促进个人正当利益的实现。因此，在这样的道德生活中，个人即便不能做到大公无私，但是至少能够保证绝不损公肥私，这是其道德行为的底线。在这样的社会中，个人和集体之间相互依赖、相互促进，形成了一个有机和谐的共同体。

其次，人与人关系的和谐。社会主义道德的核心是为人民服务。它建立在对人与人的关系的这样一种认识的基础之上：人与人之间是普遍的相互依赖关系，人人为我，我为人人，也就是说，任何人都是目的和手段的统一，即当人依赖于他人时，他人是手段，自己是目的；当他人依赖于自己时，他人是目的，自己是手段。所以，人与人之间不是简单的利用和被利用的关系，而是客观的相互依存关系，不能将他人单纯地视为实现自己利益的手段，否则，人与人之间的关系则是冷冰冰、赤裸裸的，毫无温情可言。社会主义道德基于对人与人之间关系的正确认识，提出了和谐人际关系应有的场景——人们崇尚诚信，彼此信任；人与人平等互助，团结友爱，一方有难、八方支援；家庭生活中，互敬互爱，互相扶持，尊老爱幼；职业生活中，尽职尽责，服务他人，奉献社会。

再次，人与自然关系的和谐。随着科学技术的不断发展以及人类社会的不断进步，人与自然之间的关系从来没有像如今这样紧张，人类也从来没有像今

天这样感受到自身生存所遭遇的巨大威胁。人与自然之间的关系已经被人们高度关注，并被普遍纳入伦理学的视野中来。为此，我们提出了建设生态文明，实行科学发展观，坚持绿色发展理念的任务。这要求我们在发展经济生产的同时，注意保护环境，促进人与自然的和谐，实现人类社会的可持续发展。

综上，社会主义道德所倡扬的理想道德生活分别从道德主体、道德环境、道德行为等方面提出了具体的要求，它是人们通过道德思考设计的理想道德生活的图景。其中，道德主体拥有马克思主义的坚定信念是坚实根基，否则，就不可能自觉践行社会主义道德，也不可能以社会制度保障社会主义道德。

（二）当代中国道德生活的变迁

中华人民共和国成立以来，尤其是社会主义市场经济体制建立以来，经济关系的重大变革引发了各方面利益关系的重大调整，现实的道德生活领域发生了巨大变化。社会的每一次重大制度性变化和结构调整，都对道德生活产生了深刻影响，道德生活日益呈现出功利化、多元化、一体化特征。

首先，以经济利益调整为动力，道德生活的功利性取向日渐增强。建国以来，经济领域的重大变革、利益关系的巨大调整，极大地改变了人们的道德观念和价值观念，道德选择和价值评价的天平逐渐向功利一方倾斜。表现在道德生活方面，就是功利性价值取向的日渐增强。

商品经济、市场经济催生并强化了人们的功利意识。改革开放以前，我国的经济运行模式是计划经济。由于“传统计划经济被赋予道德使命”，“承载人们的道德理想，体现人们所规定的道德精神，并按照道德原则、道德要求来规划、运行，因而，它不是纯粹经济意义上的经济，而是一种伦理型经济，是经济伦理化的具体表现”①。特有的分配模式造就了人们在利益观念上的一致：在对义利关系、公私关系的处理上，无差别地提倡“毫不利己、专门利人”，“大公无私”，忽视作为个体存在的人也有对正当合理利益的追求，将追求个人利益等同于自私自利，以至于在一段时间里，人们耻于谈“利”，“谈利色变”。道德生活的道义性取向相当明显，责任意识、奉献精神弥漫于道德生活之中。改

① 彭定光：《计划经济伦理化的价值预设和历史命运》，《吉首大学学报》（社会科学版）1998 年第 1 期。

革开放以后，随着商品经济的迅速发展以及市场经济体制的最终确立，商品经济的求利本性开始向人们的思想意识领域渗透，长久以来在道义笼罩之下的功利迅速抬头，与道义并驾齐驱并且大有凌驾于道义之上脱离道义统御之势。反映在道德生活领域，表现为责任意识、奉献精神的相对退缩以及权利观念、功利意识的高涨，很多人不愿一味地“大公无私”“毫不利己、专门利人”，而是倾向于“己他两利”“主观为自己、客观为他人”，当然还有一部分人为了追求个人利益，甚至不惜牺牲他人、社会、国家利益。可以说，追求功利的无度和无序恰恰是当前我国道德生活领域面临的最严峻的挑战，它使我们的道德生活陷于混乱。

社会主义道德对功利的科学评价客观上也肯定了人们对功利的追求。改革开放以后，中国在经济体制领域的重大变革，不仅给经济领域带来了重大的变化，而且由于它从根本上改变了中国社会的利益格局、利益关系，从而使调节原有利益关系的社会主义道德在某些方面已经不能完全适应新的经济体制的要求。事实上，随着社会主义市场经济体制的确立，人们对于经济与道德、利益与道德的关系有了新的认识，逐步形成了对功利的科学评价，这主要反映在社会主义功利主义的确立以及对集体主义的科学理解两个方面。社会主义功利主义原则的确立肯定了人们追求个人利益的正当性。邓小平对人们的物质利益十分重视，他认为：“革命精神是非常宝贵的，没有革命精神就没有革命行动。但是，革命是在物质利益的基础上产生的，如果只讲牺牲精神，不讲物质利益，那就是唯心论。”① 社会主义道德是马克思主义的，当然不能不讲物质利益，不能不讲功利。针对“文革”时期提出的“穷则革命富则修”，“拨乱反正”后的邓小平提出了“贫穷不是社会主义”，并且指出“共同富裕”是社会主义的本质内涵和最终目的。为了达到这一目的，根据中国的国情，我们必须允许一部分人、一部分地区依靠诚实劳动和合法经营先富起来，然后先富带动后富，最终达到共同富裕。这是对人们正当合理个人利益的充分肯定，也是对人们追求个人正当合理利益行为的肯定和促进。追求合理的个人利益于是具有了正当性、“合法性”，人们从此不再“谈利色变”。对物质利益的肯定也对社主义的道德

① 《邓小平文选》第2卷，北京：人民出版社，1994年版，第146页。

评价标准产生了影响。1992年邓小平在南方谈话中正式提出了“三个有利于”评价标准，指出，“判断的标准，应该主要看是否有利于发展社会主义社会的生产力，是否有利于增强社会主义国家的综合国力，是否有利于提高人民群众的生活水平”①。这表明社会主义道德由对功利的排斥转变为对功利的肯定。

对集体主义的科学理解实现了集体利益与个人利益的辩证统一。集体主义是社会主义道德的基本原则，它所强调的是个人与集体之间的辩证统一关系。然而，一段时间里，集体主义被歪曲为了根本否定个人利益的禁欲主义②，片面强调牺牲个人利益为集体做贡献，谁追求个人利益谁就是在搞个人主义，就要受到批判。对集体主义的这种片面理解，往往导致对个人利益的漠视甚至否定。改革开放以后，人们对集体主义进行了深入的探讨和研究，逐步形成了对集体主义的科学理解，认为集体主义包含有三层内含：强调集体利益和个人利益的辩证统一；强调集体利益高于个人利益，当集体利益与个人利益发生冲突时，应当牺牲个人利益保全集体利益；强调重视和保障个人的正当利益。这就把个人对集体的服从与集体对个人的保障统一了起来，既强调个人对集体的义务，也强调集体对个人的义务。

社会主义道德对个人利益的重视和肯定使追求个人利益具有了“合法性”，追求正当合理的个人利益成为道德生活的一项重要内容，这使我们的道德生活更加丰富和完善。

其次，以政治民主化为契机，道德生活的政治性倾向渐趋淡薄。中国社会由“以阶级斗争为纲”，发展到“以经济建设为中心”，再到“建设社会主义和谐社会”，这种转变的逻辑在于政治的民主化不断发展，没有民主就没有思维方式的变革，重心也不会由阶级斗争转向社会发展。时代特征的这一转换，决定了人们道德生活的视角由关注政治转换到关注社会。

在“以阶级斗争为纲”的时代，道德生活的政治性意味十分明显。固然，政治生活与道德生活并不是截然割裂的，二者相互联系，相互渗透。但是，政治生活仅仅是道德生活在某个方面的反映，它无法全然替代道德生活。换言之，

① 《邓小平文选》第3卷，北京：人民出版社，1993年版，第372页。

② 张可尧：《树立集体主义思想　发扬大公无私精神》，《社会科学家》1987年第3期。

道德生活关乎社会生活的各个领域，是人所进行的具有道德内容、道德意义和道德价值的生命活动，因此不能仅仅以"政治"的维度来构建道德生活。然而，一方面由于"政治挂帅"，另一方面由于社会主义道德浓厚的政治色彩，因此导致了道德生活的政治化。中华人民共和国成立以后的一段时间里，由于在革命战争时期形成的革命性、政治性思维方式没有发生转变，社会生活中充斥着政治化思维，以至于社会生活全面政治化，经济、政治、文化乃至家庭生活都带有了政治的色彩，一个重要表现就是习惯以政治思维对人和事进行评价，上纲上线，给人戴上"高帽子"，进行批判。可以说，社会生活各领域的评价标准政治化了，而这恰恰是道德生活充满政治性的反映。社会主义道德浓厚的政治色彩也增强了道德生活的政治意味。社会主义道德是在中国共产党领导人民群众进行新民主主义革命和社会主义建设的过程中，在思考、强调党与人民的关系、个人利益与国家及民族利益的关系等问题时逐渐形成和走向成熟的，因此起初具有浓厚的阶级性、革命性和政治性。例如，为人民服务作为社会主义道德的核心，是毛泽东在谈到人民军队的宗旨时提出的，其出发点是进一步强调中国共产党及其领导下的人民军队与人民群众之间的紧密联系。毛泽东曾指出："紧紧地和中国人民站在一起，全心全意地为中国人民服务，就是这个军队的唯一的宗旨。"① "全心全意地为人民服务，一刻也不脱离群众；一切从人民的利益出发，而不是从个人或小团体的利益出发；向人民负责和向党的领导机关负责的一致性；这些就是我们的出发点。"② 社会主义道德的核心，这一表述显然具有浓厚的政治意味，并且一直是对共产党员特别是领导干部的一种政治要求。社会主义道德的这种政治性使得道德生活的内容也因此以政治价值为导向。

执政思维方式的改变以及社会主义道德的变化使道德生活的政治色彩日趋减弱。改革开放以后，执政思维方式由强调"阶级斗争为纲"转变为重视社会发展、重视民生。这种转变使我们正确认识各个社会领域自身的发展逻辑，并在坚持各个社会领域的活动服务于一定的政治目的的前提基础之上，遵循不同的发展规律进行各个领域的建设。表现于道德生活方面，就是政治性评价标准

---

① 《毛泽东选集》第3卷，北京：人民出版社，1991年版，第1039页。

② 《毛泽东选集》第3卷，北京：人民出版社，1991年版，第1094－1095页。

弱化，取而代之的是较为纯粹的道德评价，是根据人与人、人与社会、人与自然之间的“应然”进行的善、恶评价。社会主义道德的视角由政治本位转向社会本位，从服务政治的话语导向转变为服务社会的价值范导和精神塑造。这一转变在客观上改变了道德生活的重心。改革开放以后，我们同样坚持以“为人民服务”为社会主义道德的核心，但是在具体的表述上，我们主要是从对人的本质的理解、个人与社会的关系等方面，结合对传统道德文化中“民本”思想的继承，运用马克思主义进行科学的阐述，既具有真理性，又具有科学性。它不仅是对共产党人、人民军队的根本要求，而且是每一个中国公民所应当树立的科学的人生观和所应当遵守的最为根本的道德规范。在这种视角转换之下，针对人们社会生活的实际和社会发展的需要，三大领域的道德建设的内容和目标也进行了调整。社会公德的内容由“爱祖国、爱人民、爱劳动、爱科学、爱护公共财物”转变为“文明礼貌、助人为乐、爱护公物、保护环境、遵纪守法”；同时大力提倡以“爱岗敬业、诚实守信、办事公道、服务群众、奉献社会”为主要内容的职业道德，大力提倡以“尊老爱幼、男女平等、夫妻和睦、勤俭持家、邻里团结”为主要内容的家庭美德。

以上表明，随着社会的发展和政治民主化进程的加速，在关注政治之外，关注社会，关注民生，关注现实的人与人、人与社会之间的关系，已经成为我们道德生活的一个相当重要的内容，道德生活也因此有了它自身应有的逻辑和主题。

再次，以文化多样性为依托，道德生活趋于复杂多样。文化的精神和价值观念可以现实化为个体或者群体的生活态度、生活方式，文化所承载的价值观与道德生活的样式之间有着密切的联系。不同的文化必然塑造出不同的道德生活。改革开放前后文化由封闭走向开放使道德生活呈现出不同景象。

文化领域的封闭使道德生活相对单一。虽然中华人民共和国成立伊始，国家领导人就先后于1951年和1953年提出了“百花齐放、百家争鸣”的主张，在“如何看待不同学说之间的关系”这一问题上，我们也采取了比较开放的态度。例如，1956年1月，中共中央召开关于知识分子问题的会议，陆定一指出：“应该容许不同学派的存在和新的学派的树立”，这应该“同纵容资产阶级思想的自由发展严格区别开来”。毛泽东也曾指出，“讲学术，这种学术可以，那种学术也可以，不要拿一种学术压倒一切”①。“在中华人民共和国宪法范围之内，各种学术思想，正确的，错误的，让他们去说，不去干涉他们。”② 对于中国传统文化，也提出“要把中国的好东西都学到，要重视中国的东西，否则很多研究就没有对象了”③。可惜的是，这种对待中西方文化的正确态度，随着一系列政治运动尤其是“文化大革命”的开展，并没有得到切实的贯彻。不仅西方非马克思主义伦理思想受到批判，就是中国的传统道德（孔孟之道）也遭到全盘否定。文化领域基本呈现马克思主义的“一元化”格局，文化建设和道德建设基本围绕这一核心而展开。马克思主义的一元文化格局为社会主义道德的繁荣、发展奠定了良好的文化土壤，并且深入影响了人们的日常生活，对人们道德价值观念共识的产生具有决定性的影响（具有典型意义的是“雷锋精神”）。这一方面使我们的道德生活高度整合、统一，人们基本上按照统一的道德标准、价值标准从事生活实践，在道德观念和价值观念上并无大的冲突与矛盾。正是在这种文化的熏陶下，人们的道德水平空前提高。可以说，在“文化大革命”以前，文化与道德的关系基本还是良性的，文化的发展促进了道德的进步，文化建设为道德建设提供了很好的支持。另一方面，也正是由于文化领域的一元格局，使得道德生活相对单一，道德生活表现为某种模式化和片面化，从而丧失了道德生活应有的生动性与丰富性。

文化领域的开放使道德生活变得复杂多样。改革开放也带来了文化领域的开放，对于西方文化、中国传统文化我们有了比较科学、正确的态度。邓小平同志曾明确地指出：“西方的东西，应该借鉴学习”，西方“不少正直进步的学者、作家、艺术家在进行各种严肃的有价值的著作和创作，他们的作品我们当然要着重介绍”④，西方的优秀文明成果，我们也要积极吸收。同时我们也认识到，应该批判继承中华民族的传统文化，因为社会主义文化建设离不开中国传统文化的深厚土壤，无视中国传统文化，社会主义文化建设就会失去根基。而事实上，随着国门的打开，西方文化及其思想不断涌入，个人主义、功利主义、

① 1956 年 4 月毛泽东在中央政治局扩大会议上的讲话。

② 1956 年 5 月，毛泽东在最高国务会议第七次会议上的讲话。

③ 毛泽东：《同音乐工作者的谈话》，1956 年 8 月 24 日。

④ 《邓小平文选》第 3 卷，北京：人民出版社，1993 年版，第 44 页。

实用主义、享乐主义对人们的道德观念、价值观念产生了极大的影响，社会主义道德的核心（“为人民服务”）以及社会主义道德的基本原则（集体主义原则）也受到了不小的冲击；与此同时，中国传统文化也开始复苏，文化领域逐渐由“一元”格局转变为“多元”格局。道德生活的文化环境由一元变为多元，为道德生活的变化提供了“源头活水”，于是道德生活由原来的单一化、模式化走向了复杂化、多样化。大量奉守不同道德准则和价值观念的人从事着不同的道德实践，从而使道德生活呈现出不同的景象。毫不夸张地说，有多少种文化就有多少种生活方式和生活态度，同时也就有多少种价值标准，在我们这个多元文化共生共存的时代，道德生活已然失去了统一的标准和尺度。因此，我们的道德生活并不是统一的、模式化的，每个人都在选择过着自己的道德生活，道德生活领域呈分化状态。道德生活的分化在一定程度上增加了人与人之间的隔阂、矛盾与冲突，也在很大程度上影响着理想道德生活的实现。人们在生活的不同领域奉行不同的道德准则和价值观念，从而使个人的道德生活也陷于分化。在多元文化共生共存的背景下，作为个体的人自觉不自觉地都受到多种文化的影响，而这总要或多或少地反映在其思想观念之中，从而影响其在不同领域的道德实践。例如，有的人在家庭生活中十分传统，甘于奉献和牺牲，但是在处理人际关系时，却十分自私冷酷；在公开场合做“君子”，在隐蔽的场合则做“小人”。个人在不同质的道德生活中来回穿梭，个体人格也陷于分裂。

复杂多样的道德生活一方面使我们的道德生活更加丰富、生动，另一方面也为我们对道德生活的治理增加了难度。如何避免充斥着不同价值标准的道德生活陷于冲突、混乱、无序，并且有效实现社会主义道德对道德生活的引导，都是我们必须解决的现实难题。

最后，以社会结构变迁为契机，道德生活逐步趋向一体化。改革开放前后，我国的社会结构发生了极大的变化，由传统的封闭、人口缺乏流动性的社会转变为开放、流动性充分的社会，这在客观上打破了不同地区人们道德生活的隔绝。同时，得益于科学技术的发展所带来的人类活动范围的扩大以及交往方式的革命性变革，道德生活由区域化向一体化方向发展。

社会的封闭使道德生活主要呈区域化景象。改革开放以前，甚至在改革开放以后的一段时间里，我国社会总体上而言是比较封闭的。这种封闭不仅仅是国内对国外的封闭，即使是国门以内，不同的地区、民族之间也相对封闭。这是由于当时我国社会的基本单位是以各种各样的形式（单位、公社等）出现的集体，个人必须隶属于一定的集体，物质生活资料才能有所保障。不仅如此，人们还被严格的户籍制度束缚在一个固定的区域而不能随意迁居，再加之交通条件落后以及信息并不发达，人们各自过着各自的生活，不同地区之间的人们彼此之间联系较少，相互之间的影响也不很大。尽管改革开放以前意识形态领域高度统一，道德生活比较单一化和模式化，以至于各地区的道德生活差异不大，但是，各地区、各民族在长期的历史过程中，由于地理、文化等方面的因素逐渐形成了各地区、各民族特有的性格、为人处世的基本态度以及各具风情的风俗习惯，这构成了各地区、各民族道德生活的基本特质。在一个封闭的社会里，这些各具特质的道德生活相对来说较少联系，也因此较少冲突，道德生活相对稳定。

社会的开放使道德生活呈现出一体化景象。改革开放以后，国门的打开，一方面使我们的道德生活呈现于世人面前；另一方面也使我们更加了解国外各民族的道德生活。更为重要的是，我国社会内部也逐渐走向开放，个人真正成为社会的基本单位。个人不仅可以自谋物质生活资料，不再必须隶属于特定的单位、组织，而且由于户籍制度的放开，个人在全社会的流动更加自由，个人也不再必须隶属于一个固定的集体，加之交通的便利、信息的发达，都在客观上推动了更为广泛的社会交往、社会流动、相互了解，从而加剧了不同地区、不同民族之间的相互联系和相互影响。社会的变迁使我们的道德生活不再仅仅是区域化的道德生活，由于不同地区、不同民族的相互渗透和广泛交往，道德生活逐渐向一体化方向发展。表现为：第一，不同特质的道德生活在一定区域内共同存在。不同国家、地区、民族的人共同生活在特定的区域是一个开放社会的重要特征，他们在共同生活的过程中由于各自固守着原有的包含特定价值内容的处世态度和风俗习惯——西方社会华人群体对传统文化、习俗的坚守就是典型的例子，从而使特定区域的道德生活千姿百态、丰富多样。第二，不同特质的道德生活相互影响、相互渗透。来自于不同地区、不同民族的人们在共同生活的过程中，在保持原有处世态度和风俗习惯的同时，也会自觉不自觉地吸纳其他民族的处世原则和风俗习惯，如“AA 制”在中国兴起，圣诞节、感恩节、万圣节等西方节日在中国风靡等，都是道德生活相互影响、相互渗透的反映。一般而言，一个社会、一个地区越开放，道德生活就越是趋于一体化。在我国，沿海开放城市中道德生活一体化的程度相对更深，也正因如此，其道德生活相对更复杂，既容易产生矛盾冲突，引发社会不安定，也容易在不同道德生活渗透交融中，由于不同地区、不同民族的人们的相互理解和包容，逐渐形成崭新、统一的道德生活。

经济的、政治的、文化的和社会的变革为我们认识建国以来道德生活的变迁提供了宏大的叙事背景，道德生活的变迁既是自发的也是自觉的。随着我们对社会主义建设的认识越来越深刻、越来越清晰，经济、政治、文化和社会的发展也越来越与道德生活呈现出某种互动。因此，在促进经济、政治、文化、社会和谐发展的过程中，密切注意其对道德生活的影响，进而切实重视对道德生活的积极引导，是社会主义道德建设不可忽视的一个重要环节。

（三）当代中国道德生活的困境

我国目前仍然处于社会变革时期，社会结构的变动、利益关系的调整带来了人们道德观念、价值取向上的重大变化，使道德生活面临诸多问题。及时地对我国当代道德生活进行反思，有助于构建理想道德生活。

1. 从道德环境而言，社会生活中良善的道德氛围有待进一步加强

人们对道德生活的感知主要是通过道德环境获得的。道德环境、道德氛围的优劣直接影响着生活于其中的道德主体的道德活动。构建理想道德生活，必须建设优良的道德环境，使社会生活充溢良善的道德氛围。当前，我国的道德环境还不尽如人意，主要表现为：

第一，市场经济的功利诉求削弱了人们对道德的追求。我国有着历史悠久的尚德传统，义以为上、重义轻利、耻于谈利是中国传统的价值取向。在这种文化传统之下，追求自我的道德完善是人生的重要目标。但是，改革开放以来，随着商品经济、市场经济的迅速发展，义与利的天平发生了逆向的倾斜，市场经济内涵的功利诉求正在削弱人们对道德的孜孜以求，理想主义的精神追求被现实主义的功利诉求所取代。尤其是许多关系民生的重要生活资源（如住房、医疗、教育）的商品化，更是强化了人们对功利的重视和渴望。利益，乃至金钱，成为人们判定价值以及行为选择的重要标准和依据，而获取利益、尽可能

多地获取利益正在成为新时代人们的人生奋斗目标。对于他人的行为选择以及某些社会现象，习惯于从功利的角度进行解释。更有甚者，金钱交易充斥于社会生活之中，金钱成为交往、获取权力和资源的重要工具。义利关系的这一变化使我们的社会生活中弥漫着浓烈的功利性气息，而这种浓烈的功利性气息必然影响到生活于其中的每一个个体的价值选择。

第二，道德冷漠在一定范围存在，社会正义相对不足。所谓道德冷漠，就是指“一种人际道德关系上的隔膜和孤独化，以及由此引起的道德行为方式的相互冷淡、互不关心，至相互排斥和否定”①。有人处于危境，却无人救助；有人和歹徒搏斗，其他人却无动于衷；有人举报腐败，其他人却不提供支持；有人尽己所能帮助他人，奉献社会，却被认为是作秀……这些都是道德冷漠的表现。道德冷漠表面看来是人与人之间的冷漠、疏离，究其根源，一则是极端个人主义价值观所使然，人们只顾及一己之利，而置他人利益于不顾；二则是社会正义相对不足，道德行为缺乏有力、有效的社会支持，有时导致那些见义勇为的人、救助他人的人遭致打击报复、敲诈勒索，从而削弱了人们选择道德行为的积极性。不可否认，道德冷漠现象在任何时候都不同程度的存在，但是当道德冷漠成为一个普遍的社会现象，当人们都普遍地缺乏道德责任感和义务感，当人与人之间不再有温情和关爱，人与人之间的信任感将会逐渐消失，这反过来又会进一步强化道德冷漠，形成恶性循环。

第三，道德介入社会生活的力度相对弱化。自从人类社会诞生以来，道德就不离左右，人们无法舍弃道德对生活的规范和引导作用。道德对社会生活的介入既是道德本身存在的形式，也是一定社会的人们对道德的自觉运用。道德的权威地位和作用力量就是通过道德介入社会生活的范围和力度大小得以表现：范围越广、力度越大，道德的权威地位越能得到实现，人们的道德信仰越为坚定。然而在当代中国，由于市场经济内涵的功利诉求以及传统的落后价值观念对社会正义价值观念的双重夹击，成熟的与市场经济相适应的道德体系尚未完善，加之社会变革过程中对道德建设的忽视，道德介入社会生活的力度在相对

① 万俊人：《再说“道德冷漠”》，载《我们都住在神的近处》，沈阳：辽宁人民出版社，1998 年版，第 86—87 页。

弱化。很多社会现象都抛弃了道德的考量，在本应道德出场的场合，道德反被架空。表现为：

道德在社会评价系统中的力量逐渐弱化，它对人们思想和行为的影响似乎也越来越小，有些看上去明显违背道德的行为，并没有因为道德的介入而得到应有的惩罚。例如，政治领域中由于缺乏对国家机关工作人员工作作风进行评价和追究的有效机制，导致了对其个人道德的放逐，在很大程度上影响了人们对制度公正的怀疑和对集体主义、为人民服务等社会主义核心价值的观望；文化的市场化、娱乐化绕过了崇高的道德感，对崇高的调侃、对严肃的侮蔑竟成了某些文化形式大行其道的基本动力，文学的“下半身写作”以其无道德立场的言说更是直接对抗了道德；道德在私人生活领域的退步、道德对一些人私人生活所彰显的奢靡、混乱、堕落、纵欲等的无视，严重地侵害了道德的严肃性，并且已经构成对社会道德整体的挑战，在一定程度上导致了人们对待道德的随意性，从而使道德精神萎缩。

对悖德行为的宽容甚至纵容使道德的调节功能弱化。宽容是一种博大的胸怀，但是，宽容什么、对谁宽容并非毫无原则可言。宽容以促进善为目的，肯定善却不纵容恶。反观当今的道德状况，对“恶”过分宽容甚至纵容已经成为我国道德生活中的一大“毒瘤”。这尤其表现为人们集体无意识地对“潜规则”的纵容和对主流道德、价值观的“背叛”。

我国当代道德环境中的上述问题在一定程度上影响着良善的道德氛围的营造。在一个良善的道德氛围还不够完善的社会里，不仅人们追求自我道德完善的热情受到削减，而且人们进行道德活动的积极性也会大打折扣。

2. 从道德主体而言，道德主体的道德素质有待提高。

道德主体是道德生活的实践者，是道德活动的进行者，道德主体的道德素质直接影响道德生活的景象。因此，构建理想道德生活，离不开对道德主体道德素质的塑造。在我国当代道德生活中，不能说道德主体的道德素质不高，但是从一般意义上而言，道德主体自身还存在一定的亟待解决的问题。表现为：

第一，缺乏坚定的道德信念。开放的社会一定是一个文化多元、价值多元的社会。生活于开放社会中的人们一方面有更大的可能开阔眼界、拓展思维，但另一方面也有更大的可能走入认识的误区、陷入思想的困惑，以致失去坚定的道德信念。我国自改革开放以来，国人曾有的对社会主义道德的坚定信念正在面临挑战和考验。随着商品经济的不断发展，利益观念的不断抬头，人们对人与人、人与社会之间的关系的认识以及人们的价值观念发生了巨大的变化，全心全意为人民服务、集体主义、无私奉献、先人后己等原来备受人们推崇的基本道德原则和主要道德规范逐渐遭到一部分社会成员的质疑甚至是嘲讽，而“主观为自己，客观为他人”、“为自己的利益而奋斗”等处世原则却受到相当一部分人的热衷和追捧。多元文化、多元价值观为道德相对主义的抬头提供了肥厚的土壤，致使一些人坚持“价值无涉”，否定道德判断客观标准的存在，走向了道德相对主义，并据此否定社会主义道德的主导地位，从而弱化了人们对社会主义道德的坚定信念。

表现在精神生活方面，则呈现为现代人缺乏高远的精神追求。原因大致有三：一是科学主义之风日盛，形而上的哲学思考和精神追求之风日靡。当今世界，科学技术在经济、军事等领域的作用日渐凸显，科技被推上了“神坛”，深受人们崇奉。相应地，人们更加注重形而下之器，而忽视了形而上之道。二是市场经济的发展极大地刺激了人们的物质欲求，消泯了人的精神需要。市场经济的逻辑是新的消费需求的不断激发。没有有效需求，没有消费，没有欲望的不断膨胀，市场经济就难以维系。生存于市场经济之下的人们深受市场经济逻辑的影响，对生存的本质做出了片面的理解，认为人的生存就是感官物欲获得满足的过程，人生存的目的在于获取物质利益以及当下的享乐，从而汲汲于人的自然生理欲望的满足，沉迷于灯红酒绿之中，而放弃了对崇高精神的追求，其结果是，人的生存变得世俗乃至堕落。三是市场经济之下，工作、生活压力的增大使得人们疲于奔波，忙于应对，缺乏必要的时间和闲情逸致思考人的本质、生活的意义以及人应有的生存状态等问题。其结果是，人失去了精神生活的充盈，即便人的肉体在忙碌着，人仍然感觉到空虚和无聊。

当人没有了精神支柱，当人失去了精神追求，也就意味着人的意义世界的消失。物质的世界是零星的碎片，是形形色色的现象，它将人引向各不相同的方向，并使人无法轻易看清事物的本质，这使得在不同道路上行走、被五光十色的事物包围的人们极易迷失方向、迷失自我。在物质世界的迷宫中，人应当走向何方？如何使自己的生活成为一个整体？如何始终坚持自我的独立性？答案只能是——赋予物质世界以统一的意义和价值。在物质生活富足的同时，实现精神生活的丰富，达到对物质世界的改造，这是人的生存的理想状态，这样的生存才是合乎人的本质的生存。

第二，缺乏担当道德义务、道德责任的勇气。人们生活于社会之中，具有不同的角色，处于社会关系的不同链条，必然负有相应的道德义务。我国社会结构的重大调整和社会关系的巨大变化带来了人们对道德义务和道德责任的认识和践履的极大转变。如果说之前人们的道德责任感、义务感较强的话，那么在当代中国，一些人在面对道德责任、道德义务时，却缺少一股勇于担当的气概。这又集中体现为：

以制度性规定规避道德义务。在一个法治国家里，制度在规范、约束人们的行为方面发挥着重要作用，建立和完善各种制度是每个政府的一项重要工作。但是制度总是对特定生活场景下的行为的规定——例如医生做手术须得病人或其家属签字，它有时很难对一些较为复杂的生活场景下的行为做出正确的指导——当病人家属拒签、病人濒临死亡，医生是严格遵守制度的规定还是履行治病救人的道德义务？可见，制度不是万能的，它有时也会使人们陷入选择的困境。如果人们过分地依赖制度，习惯于机械般地遵守制度的规定、按制度行事，就极易忽视自身所肩负的道德责任和道德义务。2007 年 11 月 21 日发生于北京朝阳医院京西分院的“拒签事件”典型地表现出部分人以制度的名义对自身道德义务和责任的自觉推脱。

为躲避道德风险逃避道德义务。所谓“道德风险”，就是指行为主体在遵循道德规范、履行道德义务、塑造健康德性的过程中自身利益和现实幸福受损的可能性以及在追求自身福利最大化的过程中，违背道德规范、逃避道德义务从而使他人或社会利益受损的可能性①。现代社会是一个充斥着大量陌生人交往的社会，在陌生人环境下，在面对偶遇的道德义务时，人们践履道德责任的成本就会加大，道德风险相应提高——例如好心帮助他人却被咬定是侵害人而被迫承担赔偿责任；医生救治病人却遭致患者及家属殴打伤害。为了躲避道德风险，为了避免自身利益受损，于是一些人选择逃避道德义务。

① 杨俊凯，杨文兵：《论道德风险》，《连云港师范高等专科学校学报》2009 年第 1 期。

以个人权利搪塞道德义务和道德责任。随着我国法治社会的建立和市场经济机制作用范围的扩展，人们的权利意识越来越强。对个人权利的尊重彰显了社会的进步，但是，尊重个人权利不能抹杀人的道德责任和义务。善之所以为善，恰恰在于它是对道德责任和义务的担当。然而，现实生活中，一些人却开口闭口谈“权利”，以此来搪塞自己应负的道德责任和义务。2008 年汶川地震期间的范美忠即是一例。他认为在地震发生之际，“（先）跑是权利，不（先）跑是高尚”，并说，在如此危急的情况下，连自己的母亲也不会去救。对道德责任的忽视乃至蔑视意味着作为道德主体的人的道德境界的降低。

第三，缺乏道德自律。道德主体的自律性是衡量道德主体道德素质高低的重要标准之一。古代社会，范围狭小（熟人圈）、形式单一（面对面式）的交往方式在客观上对人们造成了强大的舆论压力和心理压力，这为人们自觉遵守道德创设了良好的外部条件。当代社会，人们的交往方式发生了巨大变化，这一方面使道德自律在维系道德、创设良好的道德生活方面发挥着日益重要的作用；另一方面也为人们的“悖德”行为开了方便之门。交往范围的扩大，尤其是交往在公共生活空间的发展，使人们置身于大量的陌生人之中，不仅人们的行为缺乏有效的人际监督，社会舆论的作用力量大打折扣，而且充斥于陌生人之间的“一次性交往”也增大了人们偶尔悖德的胆量和可能。交往形式的多样化，尤其是非面对面交往、匿名交往的出现和广泛发展，更是使人与人的交往变成了符号化的交往，人们的行为也变得隐蔽而难以被发现。行为的隐蔽性可以催生人们的侥幸心理，交往对象的符号化也极易消除人们的罪恶感，从而使人们去做一些平时不敢做甚至不敢想的事情，人们的道德自律正面临严峻考验。

道德生活展开的过程就是道德主体不断实现自我道德完善的过程，可见，塑造道德完善的道德主体是道德生活的应有之义。因此，从道德主体的角度而言，认识并努力克服自身的不足，不断地追求完善，是每一个人应尽的责任。

3. 从道德活动而言，不良道德习惯大量滋生。在当前功利化取向明显、社会正义相对不足的道德环境下，当道德主体的道德信念、道德责任感和自律精神相对欠缺时，在道德活动领域，不良道德习惯①大量滋生并且泛滥也就不足为奇了。

特定生活领域的习俗泛化于社会生活其他领域。习俗是一股强大的习惯力量，在特定的社会生活领域或一定范围内，习俗有其存在的合理性。但是如果它超越了自身的存在领域而广泛向其他生活领域渗透，成为一种普遍适用的社会习俗，就会严重误导人们的道德习惯，使人们的行为丧失道德意义和道德价值。人情关系、有偿交换就是当代中国泛滥于各个生活领域的两大习俗。人情关系、礼尚往来是人们在日常生活之中、私人生活领域进行人际交往时所遵循的传统习俗。中国传统社会是一个宗法社会、“伦理社会”②，人们重视人伦关系，也十分重视“人情”。可以说，人情是“中国人的主要交往方式”③。而这对于促进人际关系的融洽大有助益。但是，目前这一日常的私人交往中重视血缘、情感的习俗却大量地向其他交往领域（如公私往来、业务往来）渗透，成为一种普遍的交往规则，“人情运作”被视为社会的常态，是人们在工作过程中所应掌握的重要能力之一，恰如一句古话：“世事洞明皆学问，人情练达即文章。”于是，请客送礼、人情往来成为中国社会生活（包括非日常生活）中普遍且重要的一部分。人情运作成为优先于规章制度的一种重要“规则”。人际交往开始具有“物化”的特征，人们在交往中渐渐忽视了交往本身对于人的意义和价值，转而将交往工具化、功利化。“交往双方均把对方当作满足自己的某种需要和欲求的手段或工具，也就是忽略对方的情感、品质、尊严等而将对方视作客体、物、抽象的实体。”④ 交往的逻辑演变为“和他交往对我有什么好处”，“我今后能否用得上他”。于是自然而然的，“谁对我有利”、“谁对我有用”，成为选择交往对象的依据和标准。人们不是把他人视为自己的同类而予以“人”的尊重，而是首先将他人视为自己的对象物、客体来进行控制和利用，交往中

① 前文已述，道德习惯就是具有普遍性和习惯性的道德活动模式，包括道德选择模式、道德行为模式和道德交往模式。

② 梁漱溟：《中国文化要义》，北京：学林出版社，1987 年版，第 77 页。

③ 翟学伟：《人情、面子与权力的再生产》，北京：北京大学出版社，2005 年版，第 166 页。

④ 马廷新：《论现代主体总体性的失落及其救赎策略——走向以生态存在论为基础的实践交往理性》，《山东社会科学》2015 年第 6 期。

人与人的平等关系转化为利用与被利用、控制与被控制的关系。如何利用、控制他人，其工具就是货币（金钱）。人与人的交往越来越披上金钱的外衣，交往中人与人的关系转化为了物与物的关系。交往被异化了。当规章制度在人情面前退避三舍，“以情废义”的社会不公现象必然大量滋生。有偿交换本是商品交换的基本原则，但是目前这一特殊领域的原则已经泛化到政治、文化等各个生活领域之中，运用于社会生活的方方面面。它已经不再仅仅适用于商品交换，而是广泛适用于一切场合——只要这一场合有“权力”的存在，其实质就是权力（尤其是国家权力）的“私有化”、商品化、市场化。为了获取权力拥有者所实际掌控的“资源”，就需要进行权钱交易、权色交易，等等。然而更为可怕的是，虽然交换是隐蔽的，是秘而不宣的，但是，“交换”俨然已经成为人们的一种习惯意识和行为而为人们或自觉或无奈地普遍奉行。这种强大的习惯力量严重地威胁着我们的道德生活。当私人交往中的人情关系和礼尚往来、经济交往中的有偿交换成为社会生活中的一般交往规则，制度就会旁置，沦为美丽的“花瓶”，由社会制度所承载的道德价值就无法在社会生活中得到真正的贯彻和落实，或者说，道德就会被人情、关系、物欲所湮没，我们的道德生活就会陷于混乱。

“潜规则”大行其道。当前，“潜规则”大行其道已是不争的事实。所谓“潜规则”，顾名思义，就是潜藏的、人们心照不宣的、凌驾于规章制度之上实际发挥作用的行为“规则”。它是潜藏的，不是明文规定，因而不能登大雅之堂；它是人们达成共识后默认的，因而具有普遍的行为指导意义；它与规章制度相对抗，因而是不正义、不道德的。不可否认，潜规则总是与显规则相对而存在，社会生活中存在潜规则是正常的，就像社会中必然存在恶，但是如果潜规则大行其道，则不可不说社会已处于某种程度的失序状态。2011 年中国足球黑哨事件中的周伟新与记者的谈话。

记者：在你们裁判界是不是这种现象？这种风气是一种潜规则很普遍吗？

周伟新：我感觉当时是挺普遍的，因为我 2006 年以后就不做了，后来就不太清楚，当时应该是普遍的。

记者：你刚才说，从1999年一直到2006年，吹了有六七年的时间，一般说以前就是当红的一个裁判，2004年以前是当红的裁判，像这种机会这样的事你见得比较多，给我们说说。

周伟新：就基本上，我感觉都这样，潜规则，大家到了关照一下，大家都熟。

（材料来源：中央电视台《新闻调查》之“黑哨内幕”，2011-03-30）

以上对话说明，潜规则在足球界已经是“公开的秘密”，是大家普遍遵循的实际规则。那么，社会其他领域、其他行业又怎样呢？人们又是如何评价的呢？如图1、图2所显示的，被调查者中60%的人认为潜规则“大量存在”；64.6%的人潜规则或者被潜规则过，更有11.6%的人经常与潜规则接触。

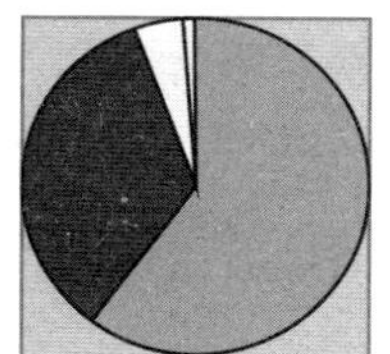

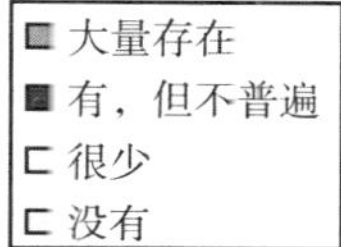

图1：您认为现实生活中有“潜规则”吗？

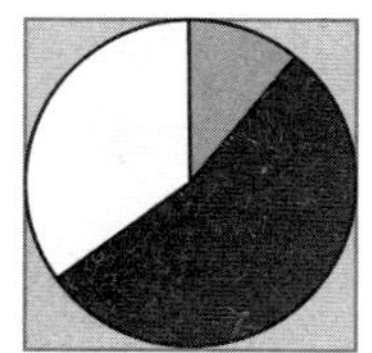

图2：您“潜规则”或“被潜规则”过吗？

现实生活中确实存在着大量的行业潜规则。这些潜规则的存在，严重地损害了正常生活秩序的进行，给道德生活带来了许多负面影响。细数一下近年来被媒体曝光的行业潜规则，让人触目惊心：牛奶中添加三聚氰胺；餐饮行业使用地沟油、添加剂；医保系统中官商勾结，共同牟利；旅游行业的购物店消费；房地产商以及其他建筑商的偷工减料；官场中的圈钱交易……不可否认，任何国家、任何时代，都有潜规则。吴思在《潜规则：中国历史中的真实游戏》(2009) 一书中对中国历史中存在的潜规则进行了揭示。但是，潜规则如此普遍地存在，并且被普遍地遵守，反映了当前道德生活的这样一种现状：规则制度的权威遭到挑战，人们是非、善恶、美丑观念颠倒，不道德的行为大量滋生，人们不仅缺乏自律能力，而且躲避、逃避他律，道德生活正陷于困境之中。

潜规则的存在，严重损害了正常生活秩序的进行，给道德生活带来了许多负面影响。潜规则如此普遍地存在，并且被普遍地遵守，反映了当前道德生活的这样一种现状：规则制度的权威遭到挑战，人们是非、善恶、美丑观念颠倒，不道德的行为大量滋生，人们不仅缺乏自律能力，而且躲避、逃避他律——道德生活正陷于困境之中。当“潜规则”大行其道，当公开的合乎道德的技术操作为隐蔽的反道德的技术操作所代替，当人们开始普遍地颠倒是非善恶荣辱的标准，道德对人们的行为进行调控的力度必然受到削弱。

潜规则虽然种类繁多，但是它们产生的原因是共同的，那就是为了不择手段地牟取私利。潜规则的大量存在和在社会生活中发挥着实际作用，为人们提供了一套错误的行为模式。随着人们对潜规则的适应，错误的行为模式逐渐成为人们习惯性的行为模式，不良道德习惯于是形成。潜规则有着强烈的消泯道德的功能。对潜规则的默认，反映了人们集体无意识地对潜规则的纵容。谁都知道，潜规则下的行为是不道德的，但在寻求自身利益的时候，几乎都会自觉或者被迫地按其行事。潜规则存在着对主流道德和价值观置换的机制，一旦盛行，就会解构主流道德和价值观，使人们颠倒是非善恶荣辱的标准，并使人们陷入普遍的信任危机之中。

大量滋生的不良道德习惯已经成为一股强大的反道德的力量，如不加以清查并根除，就会使道德生活变成不道德的生活。

道德环境、道德主体、道德活动是道德生活的三个有机部分。三者并不是完全割裂的，而是相互作用、相互影响的。道德环境影响道德主体道德素质的形成和道德活动的展开；道德主体的道德素质如何决定着道德活动的性质并进而作用于道德环境；而道德活动的展开又直接构成了现实的道德环境，并且在道德活动进行的过程中完成人们自身道德的完善。任何一个方面出现问题，都会对其他两个方面产生消极影响。因此，构建良好的道德生活，必须将三者视为有机的整体，而不能条块分割。

（四）当代中国道德生活下国人的道德评价及道德行为选择

1. 国人对道德生活和生活秩序的满意度

面对当代中国的道德生活现状，国人发出了“当代中国正在面临道德危机”的感叹，也有人这样对我说：“现在我们都道德沦丧了，还研究什么伦理学呀!”从这些言论中，我们可以看出国人对于当代中国的生活秩序和道德生活的满意程度。根据对304人的调查，近一半（49%）的人认为国人遵守规章制度的自觉性“较差”，分别有5.6%、11.9%的人评价为“差”“很差”。从图3中可以看出，45.7%的被调查者对当代中国社会的生活秩序在总体上持否定态度，只有11.6%的人表示对当前的生活秩序“满意”。另据调查，对于我国当前道德状况的评价中，51.3%的人认为总体较差，13.9%的人则认为我国当前“处于全面的道德危机之中”。对于我国当前社会风气的整体评价中，认为“好”的仅占6.2%，“一般”的为55.3%，其余近四成的人的评价则为“不好”“差”“很差”（见图4）。

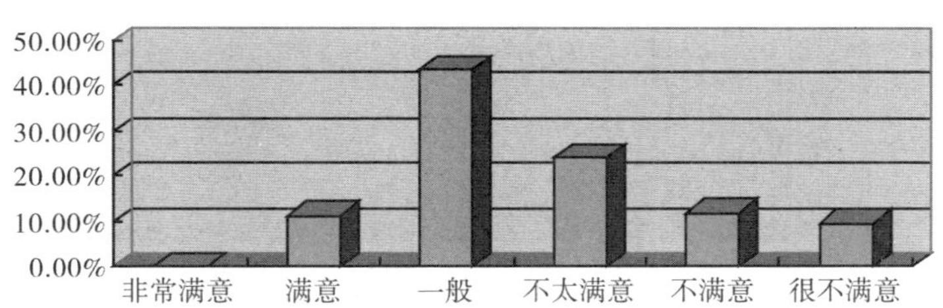

图3：对当代中国社会生活秩序的满意程度

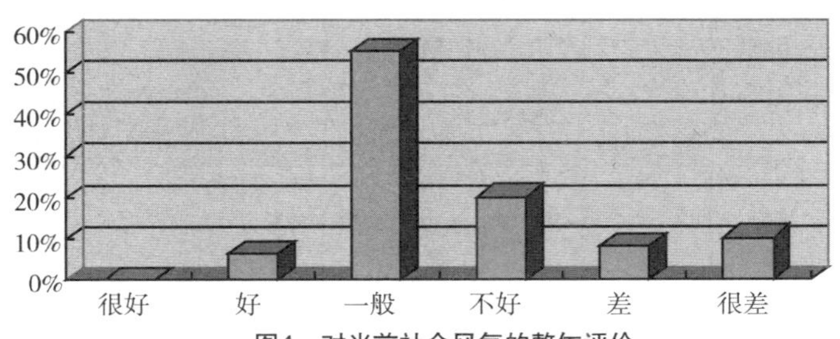

图4：对当前社会风气的整体评价

同时，调查结果还显示：人们认为社会生活无序状态最突出的表现是“不按规章制度办事成为常态”，所占比例为42.6%，30.5%的人认为是“违法及不道德现象大量存在”。

可见，国人对于当代我国的生活秩序和道德生活在总体上是不满意的。其中，对生活秩序的满意度与对道德生活的满意度之间呈现出正相关的关系。因此，构建理想道德生活，可以而且应当从治理生活秩序着手。

那么，国人对于不同的生活领域的评价又如何呢？调查结果显示，人们认为秩序最差的领域是政治领域，占调查人数的63.5%，最好的领域是家庭生活领域，占调查人数的51.0%；另有7.6%的人认为当代中国所有领域的秩序都差，23.8%的人认为根本没有秩序好的领域（见图5）。

我们可以发现，被人们“公认”秩序“最差”的领域一般都是权力、金钱充盈其中的领域，这二者是挑战秩序的“主力”。而在缺乏权力和金钱支配的领域，如家庭生活领域，有51.0%的人认为是秩序最好的领域（见图6）。这似乎在一定程度上说明了权力和金钱是扰乱生活秩序的“罪魁祸首”。

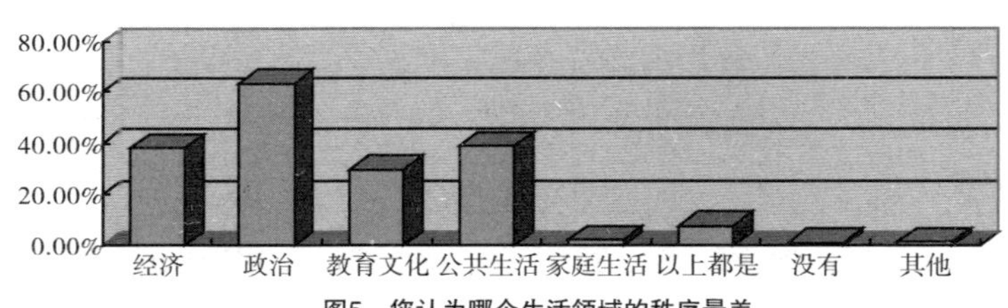

图5：您认为哪个生活领域的秩序最差

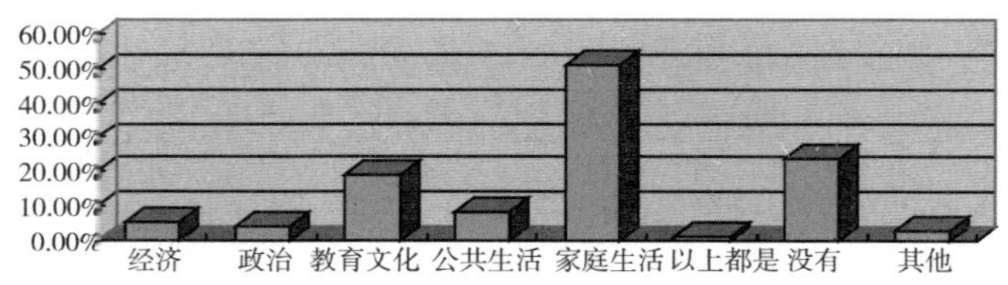

图6：您认为哪个领域的秩序最好

从国人对于我国当前生活秩序和道德生活的否定性评价可以看出国人的深深不满。如果这种不满转化为改造生活秩序、完善道德生活的行动，那应当是可喜的；但是如果由不满所带来的是人们对于生活秩序、道德生活失去了起码的信心，那就是十分可怕的事情了。可喜的是，当被问及对我国道德状况发展趋势的看法时，62.6%的人持不同程度的乐观态度，认为总体趋势是向好的方向发展。然而，不容忽视的是，仍有37.4%的人（近四成民众）对我国道德状况的未来走势持悲观态度，认为将会越来越差。这不能不说是一个危险的信号，它提示我们：应当把改造生活秩序、构建理想道德生活当作一件十分紧迫的工作和任务去完成。

2. 当代中国生活秩序下国民的道德行为选择

尽管当代中国的生活秩序和道德生活不尽如人意，国人对当前生活秩序与道德生活也有诸多不满，但是人们对于生活秩序和道德生活还是有着美好的诉求和期盼。根据调查，70.5%的人认为道德建设对于一个国家的发展"很重要"，29.4%认为"重要"和"比较重要"，只有0.1%的人认为"不重要"。而且在相当多（67.5%）的人的心目中，社会正义是比权力地位、金钱以及人情关系更为重要的、更有价值的要素。对于潜规则，62.9%的人明确表示不希望它存在；66.9%的人对潜规则表示"痛恨"，认为应当坚决取缔。

在自我评价和自我道德期许方面，人们虽然追求目标不是最高，但也多是对自己做出了肯定的评价：

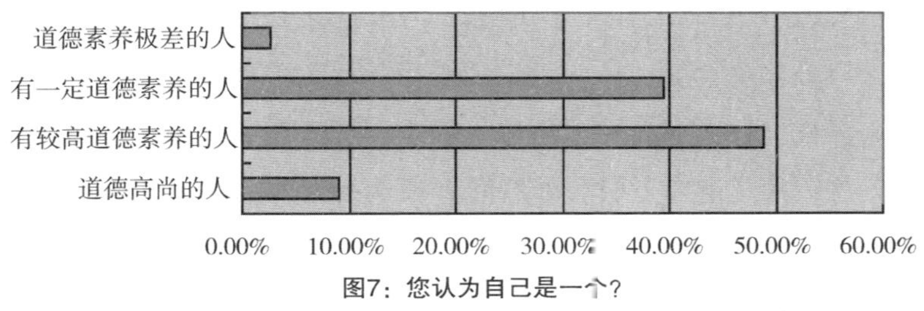

图7：您认为自己是一个？

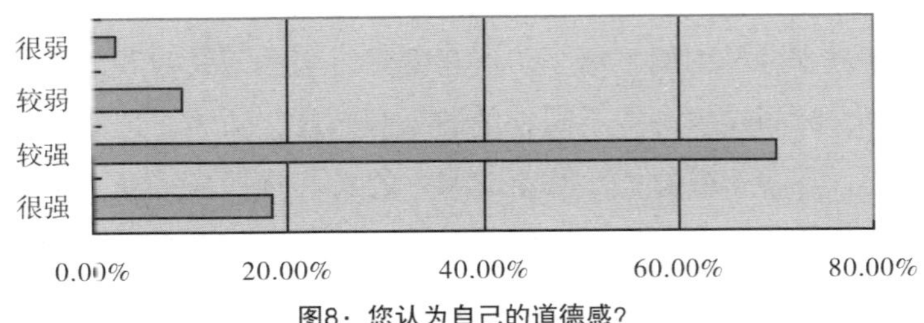

图8：您认为自己的道德感？

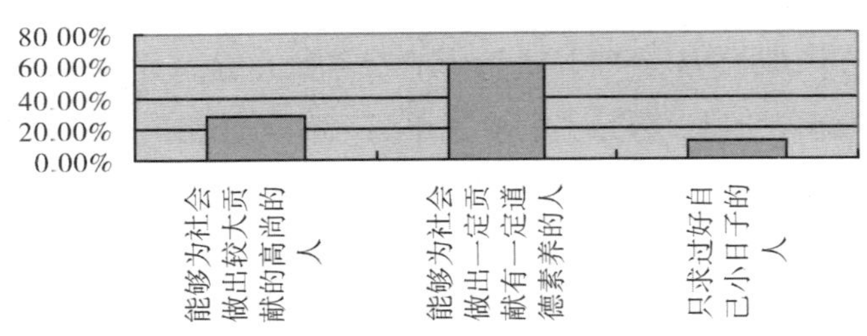

图9：您希望自己成为一个？

从图7至图9可见，近半数的人认为自己有较高的道德素养，39.5%的人认为自己具有一定道德素养；70%的人认为自己的道德感“较强”，88.4%的人希望自己成为一个“高尚的”或者“有一定道德素养”的人。这说明，绝大多数人对自己都有道德要求。但是，当理想、追求遭遇现实，其间的反差使人们时常被一种矛盾心理所折磨：是应当追随理想，还是应当屈从现实。理想与现实较量的结果往往是，现实战胜了理想，理想屈从于现实。例如，当被问及“面对潜规则，您会如何选择”时，虽然有20.5%的人表示会坚决抵制、决不姑息，但是有76.8%的人选择的是“无奈适应”。而且我相信，在那20.5%中的一些人，当他们身临现实生活中的具体问题时，恐怕也会在现实面前低头。

为什么面对理想与现实的矛盾，人们会屈从于现实？影响人们行为选择的因素有哪些？对比，我们可以从行为（社会学）、价值观（伦理学）两个方面进行分析和考察。

第一，遵守规则还是“潜规则”——何种“规则”更有效？

从社会学的角度，人们之所以遵守特定的规则，是因为这种规则具有有效性，对于人们的行为可以有效控制和引导——人们遵守它，可以达到预期的目的；不遵守它，目的难以实现。那么，在当代中国，在人们的心目中，规则制度与潜规则何者更具有有效性呢？曾经有人这样感叹："在中国办事，如果你不懂潜规则，那么累死你事情也办不成。"这显然是说，潜规则是行之有效的"规则"，事实果真如此吗？我们来看看被调查者的感知（见图 10 - 11）：

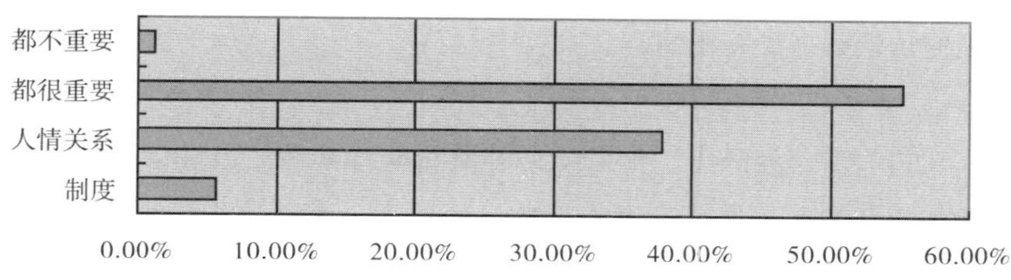

图10：您认为在出去办事时，规章制度与人情关系何者更为有效？

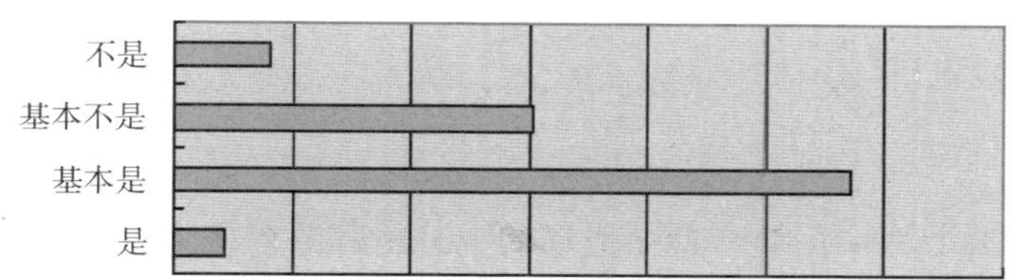

图11：您认为现实生活中，规章制度被人们所普遍遵守吗？

以上调查结果显示，认为人情关系更有效的人（38.1%）显然比认为制度更有效的人（5.6%）多，而在55.6%的认为人情关系和制度都有效的人那里，也并没有排除人情关系的重要性。正因如此，在现实生活中，规章制度并没有被人们普遍遵守——我们无法对现实生活中制度的被遵守情况进行数字统计，但是被调查者的感知和判断，应当说在很大程度上反映了社会的现实。

什么样的潜规则可以凌驾于法律制度之上呢？——人情（关系）、权力。应当说这与中国的传统文化不无关系。中国自古是一个宗法社会、人情社会，同时也是一个"官本位"意识相当强烈的社会，人情、权力在社会生活中处于十分重要的地位，前者渗透于道德领域，成为人们道德选择、道德评价的重要价值标准，后者则因为是各种社会资源的实际操控者而成为人们趋附和追求的对象。国人的价值判断和行为选择都受到了二者的深刻影响。

关于宗法社会中人情对于人们道德评价、道德选择的影响，费孝通在其《乡土中国》中有着深刻的论述。他提出中国古代社会是“一个差序格局的社会，是由无数私人关系搭成的网络”，所有的价值标准都无法超脱于差序的人伦而存在①。如果说“孝弟也者，其为仁之本欤”体现的是差序格局的常态，那么，下面的情形则多少有些病态。

> 中国的道德和法律，都因之得看所施的对象和“自己”的关系而加以程度上的伸缩。我见过不少痛骂贪污的朋友，遇到他的父亲贪污时，不但不骂，而且代他讳隐。更甚的，他还可以向父亲要贪污得来的钱，同时骂别人贪污。等到自己贪污时，还可以“能干”两字来自解。这在差序社会里可以不觉得是矛盾；因为在这种社会中，一切普遍的标准并不发生作用，一定要问清了，对象是谁，和自己是什么关系之后，才能决定拿出什么标准来。②

可以说，这是对中国社会差序格局的十分精辟的揭露。人情关系已经不仅仅决定了人际交往的亲疏远近，而且成为一个基本的价值标准，人际间的亲疏远近影响着人们的道德评价和道德选择。虽然已是现代社会，但是这种思维习惯或者道德观念一直牢牢地植根于国人的思想意识之中，并未因时间的消逝而有所消褪。它所导致的结果就是，人情大于法。一方面，人们对于关系亲近的“熟人”给以照顾，甚至可以网开一面；另一方面，人们想方设法地拉关系、攀人情，通过请客、送礼等交往手段拉近彼此之间的距离，以获取一般只有亲近之人才能获得的便利——关系近了，开绿灯、走后门当然就成了自然而然的事情。这个“人情关”成为许多人（尤其是掌握权力的人）绕不过去的门槛。因

---

① 费孝通：《维系着私人的道德》，见《乡土中国　生育制度》，北京：北京大学出版社，1998 年版，第 36 页。

② 费孝通：《维系着私人的道德》，见《乡土中国　生育制度》，北京：北京大学出版社，1998 年版，第 36 页。

吹黑哨而落马的曾经的国际级裁判周伟新就这样对记者坦言："人情关过不去，很熟的时候，比如说我跟你很熟，帮个忙，真的推不掉。"由此可见人情在我国威力之巨大。于是，被调查者中有93.7%的人选择当自己处于领导岗位的话，对于亲人朋友提出的要求会适当予以满足——当然，这个比例应当说还仅仅是人们在处于理想状态时的选择，如果他们果真身处领导岗位，手中掌握有一定的权力，相信这一比例会更高，毕竟，在人情关系面前说"不"的难度是没有经历过的人难以想象的。

于是，人们习惯性的道德评价就成为：以与自己的关系远近亲疏为标尺，对于关系亲近之人，以能够照顾"人情"为善；对于关系疏远之人，以能够坚持原则为"善"。于是，在关系疏远之人面前坚持原则，在关系亲近之人面前照顾人情，也就成为人们习惯性的道德选择。换个角度来看，规则制度随着关系的远近亲疏而作用不同，关系越近越亲，规章制度越难以发挥作用；关系越远越疏，越是容易适用规则制度。为了说明这一问题，我们专门设计了如下两个问题：

如果您十分想进您叔叔的公司，而您的叔叔却录用了比您更加优秀的甲，您会觉得您的叔叔：⊙办事公道，并因此而敬佩他；⊙办事公道，但心有埋怨；⊙不近人情，并心生怨恨。

如果您去某公司应聘，公司经理的儿子也在应聘，但是公司经理最终录用了更加优秀的您，您会觉得公司经理：⊙为人公正，心生敬佩；⊙为人公正，不好打交道；⊙不近人情，不好打交道。

调查结果显示，51.3%的人虽然明知叔叔是秉公办事，但难免心有怨恨；还有4.9%的人则认为叔叔不近人情，且心有怨恨。当叔叔的位置为没有任何亲属关系的公司经理所代替以后，面对同样的情境，同样都是录取了更加优秀的，此时的评价却发生了很大的变化。88.4%的人评价公司经理"为人公正，心生敬佩"。由此可见，人们对于关系亲近者往往有着"超越原则"的希冀，并且照顾亲近者，应当是人之常情。在这样一种价值观之下，人情凌驾于规则之上也就成为"理所当然"之事了。

在中国，能够凌驾于规则之上的还有权力。自古以来，"士"在所有社会阶层中都处于最为优等的地位。古代社会中"士"即为四民之首，知识分子十年寒窗，其目的无非就是“学而优则仕”，以此来光宗耀祖；乡绅、富商也难免要捐个官，认为这才是地位的象征。即使到了现代，中国人这种“官本位”的思想观念仍然没有改变，有的知识分子有了学历、职称、学术地位之后，就开始向官场进军，认为只有当官，掌握权力，才有价值和意义。在官场之中，“父母官”的观念远比“公仆”观念强。而且，官本位的观念逐步向其他领域蔓延，进一步演化为了“权力本位”，权力成为控制各种社会资源分配的决定力量，占有权力、趋附权力成为人们的重要价值取向和行为选择。

现代社会中的权力已经不再仅仅依托官职而存在，“在最简单的意义上，权力实际上就是能够决定点什么的能力”①。只要手中掌握着控制某种资源的能力，就是权力的拥有者。拥有权力意味着拥有了获取利益的资本。山西省翼城县原县委书记武保安卸任县长上任县委书记一职后，由于掌握了干部的任免权，收受贿赂大量增加，其妻子就曾这样说道：“当书记与当县长就是不一样。”②显然，“不一样”源自手中所掌握的权力。当是否掌握权力能够带来如此悬殊的结果，占有权力必然成为某些人的价值选择。与此同时，对权力的趋附也就成为必然。

既然人情和权力都可以凌驾于规则之上，所以现实生活中，人们为了实现自己的利益，常常无视规则、制度，倾力于人情运作和权力运作。人情运作就是想方设法地通过各种方式、手段托人情、找关系——即便自己八竿子扯不上关系，也要人托人、拐弯抹角地扯上关系。权力运作则是通过各种方式方法从权力占有者那里获得自己想要的资源和利益。无论是人情运作还是权力运作，都离不开金钱的支撑。换言之，没有金钱作为后盾，或者没有其他的利益作为交换，是没有可能启动运作程序的。人情运作和权力运作也是紧密相联的。人情运作是权力运作的基础和铺垫——权力运作之前，须先进行人情运作。并非每个人都有运作权力的机会和能力。与掌权者非亲非故、毫无任何人情往来的人根本无法进入权力运作之门。权力运作是人情运作的目的。手中无权的人绝

① 孙立平：《重建社会：转型社会的秩序再造》，北京：社会科学文献出版社，2009年版，第80页。

② 事例转引自孙立平：《重建社会：转型社会的秩序再造》，北京：社会科学文献出版社，2009年版，第83页。

不可能成为人情运作的对象，因为人们之所以运作人情，就是意图通过人情关系的攀附拉近与掌权人的距离，为权力的运作奠定基础。可见，运作的目的在于“穿越缝隙和扭曲规则”①，“使不能办成的事情或可能办成也可能办不成的事情能够办成”②。人们如果想要办成事情，就必须适应这种潜规则——对潜规则越是适应，应用潜规则越是游刃有余，成功的概率也就越大，获得的利益也就越多。“人脉”于是在中国呈现出特殊的意义。在这种潜规则的影响之下，人们形成了办事找关系、走后门的思维定式和行为习惯，适应这一潜规则成为人们的“生存之道”。于是，当人们想要办事时，谁也不敢轻易绕开潜规则，生怕最终吃亏的是自己。

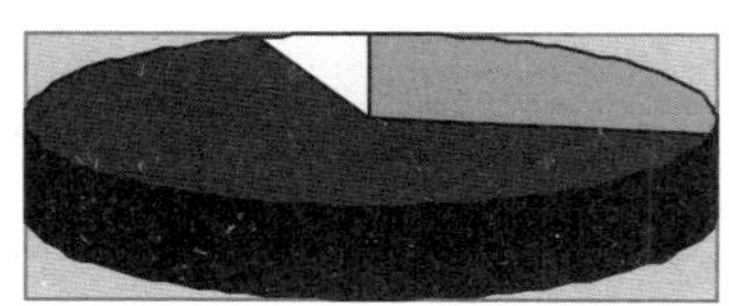

图12：您认为找人办事需要送礼吗？

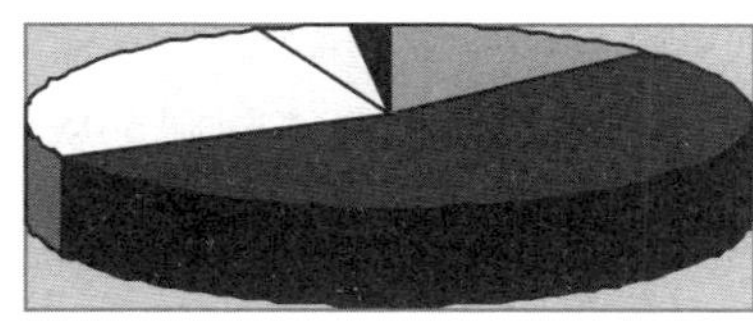

图13：您认为送不送礼以及送礼的多少会影响事情的成功与否吗？

图12和图13数据显示，虽然有67.1%的人认为找人办事“不一定”要送礼，但是67.8%的人认为送不送礼以及送礼的多少会“在很大程度上”或者“总是会”影响事情的成功与否；只有相当少的一部分人认为“不会影响”。在

① 孙立平：《重建社会：转型社会的秩序再造》，北京：社会科学文献出版社，2009年版，第86页。

② 孙立平：《重建社会：转型社会的秩序再造》，北京：社会科学文献出版社，2009年版，第85页。

这种心理支配下，办事找关系、打招呼、请客送礼也自然成为一种规则，一种“潜规则”。规则的设定是为了维护公平、正义，也就是维护“理”；如果“在理”都难以成为必然，“不在理”反倒成了“当然”，所谓的规则也就失去了其应有的功能。为了追求“理”，为了使自己获得“公平”的机会和待遇，尽可能规避不公平的结果，原本遵守规则的人也不得不成为“潜规则”的附庸。当被问及“如果人们普遍拉关系、走后门，您会如何选择”时，88.7%的人表示“也去走关系，以免自己吃亏”；当人们普遍依循规章制度办事时，50.6%的人选择“按章办事，有关系也不用”。

规则制度的设立原本是为了维护公平正义的生活秩序，然而，潜规则的盛行却破坏了起码的公平、公正，并且决定着一个人的前途和命运。在这种情况下，人们不得不适应潜规则——即使心不甘、情不愿。

第二，坚守道义还是追逐功利——何者更实际？

从伦理学的角度，遵守规则还是潜规则，体现出的恰恰是人们不同的价值观以及在不同价值观影响下的不同的价值选择。一般来说，严格遵守规则，按照规章制度办事，获取自己应得的利益，意味着对公平、公正的生活秩序的维护，体现的是对道义的坚守；而设置潜规则、遵循潜规则则意味着对公平公正的破坏，是试图通过不公平的方式获得自身在制度内、规则内无法获取的利益，它体现的是对一己私利的追逐。由此，遵守规则还是潜规则，从伦理学的角度理解，又可以转化为坚守道义还是追逐私利，是道义精神和自利精神之间的矛盾和对立。

如果说中华人民共和国成立以后至改革开放前的三十年，中国社会中弥漫的是强烈的道义精神，“毫不利己，专门利人”“大公无私”“全心全意为人民服务”是人们的主要道德追求，那么改革开放以后至今的三十多年，中国社会中弥漫的则是愈来愈浓烈的功利意识，而且主要是自利意识。“利益已经取代意识形态成为我们这个社会的‘操作系统’。”① 换言之，利益已经成为控制人们思想和行为的重要因素，规则、制度中所体现的公平、正义已被人们抛诸脑后。

---

① 孙立平：《重建社会：转型社会的秩序再造》，北京：社会科学文献出版社，2009年版，第87页。

因此，人们在行为之前所思考的并不是“这样做是否合乎道德”，而是“如何才能实现我的利益”，“如何才能实现自我利益的最大化”，而为了达此目的，有些人甚至可以不择手段。令人恐惧的是，这种损人利己的极端利己主义之风并非极少数人的选择，而是已经成为一种较为普遍的“风气”。这种不良风气造成的结果就是“德”与“福”的偏离——有德之人一般都较为清贫，无德之人却腰缠万贯。

对于德与福的偏离，有人可能提出异议：幸福与否与物质生活并不必然相关，生活清贫同样可以过幸福生活，物质富足也并不一定幸福。道理虽然如此，但是，作为一般人对于幸福生活的设想，都包含物质富裕的方面。而一个理想的社会更应当是将实现物质生活的富裕作为塑造国民幸福的重要指标。否则，在这个市场化不断深化的时代，在与人们的日常生活息息相关的住房、医疗、教育需要耗费人们大量的金钱的时代，我们难道还要号召所有的人为了追求自己的精神幸福而放弃对物质生活的追求吗？从这个意义上，如果没有良好的道德环境，如果德、福之间始终存在偏离，如果对幸福的追求与对道义的坚守构成矛盾，尤其是无德之人尚能享福，那么，人们普遍会选择放弃自己的精神追求而变得实际、功利。

综上所述，当潜规则成为一种普遍的生活秩序，当潜规则在现实生活中发挥着效用，并且影响着人们的实际利益，那么，人们的价值观就会相应地发生变化，趋于功利、着眼现实就成为人们较为普遍的选择，于是，人们现实地选择遵循潜规则而不是制度，就是自然而然的了。而当制度不被人们遵行，当遵循潜规则的人不断地获利，“劣币驱逐良币”的现象也必然会在道德领域上演。更为严重的是，潜规则的盛行造成了人性的扭曲，塑造出了畸形的道德人格。些人将荣辱观颠倒，对于不义之事，习以为常，见怪不怪，有的甚至认为遵循潜规则才是正道。国民的这种心态对于社会主义道德建设是不利的。

二、当代中国道德生活困境的生活秩序溯源

道德生活归根结底是通过人们的活动展现出来的。人们在行为活动中遵循的规则、秩序直接决定着道德生活的景象。当代中国道德生活的困境从直观上看，就是人们的行为活动不遵循既定的规则，或者说，体现社会主义道德的制

度没有完全成为有效的生活秩序，真正发挥作用的一些生活秩序却与主流价值观念相违背。这说明，我们的生活秩序（包括制度、习俗）中存在着问题。当制度失效、习俗偏失，人们自觉遵守生活秩序的工具理性丧失了存在的理由，仅凭价值理性促使人们自觉遵守生活秩序的难度随之增大。导致这种状况的原因主要有：

（一）社会主义道德的秩序性转化受阻

社会主义道德向生活秩序的转化是理想道德生活构建的重要前提，这种转化越是顺畅，理想道德生活的构建越是顺利。当代中国道德生活困境的产生首先在一定程度上源于这种转化过程的受阻。阻力的来源是多方面的，既有来自社会主义道德体系自身的，也有来自生活境遇的复杂化以及文化的多元化的。

1. 社会主义道德要求泛化

所谓道德要求泛化，是指道德要求多一般性的规定，缺乏操作性，对特定人、在特定场合的行为缺乏具体的指导，既缺乏像中国古代社会中“礼”以及宗教社会中“戒律”那样既具有权威性又细致具体的规范要求，也缺乏中国传统孝道中丰富的层次性要求。道德要求泛化造成的结果是：道德原则、道德规范往往停留于口头的倡导和心中的理念，却较难转化为人们的行动，从而降低社会主义道德影响生活秩序的可能性。

道德原则、道德规范一般而言都具有概括性、简明性，但是生活是复杂的、多样的，人们的行为活动也时常面临选择，人们在客观上需要具体的道德规范的指导，明白自己在具体的生活场景之下应当如何作为，应当如何选择。在这个方面，传统儒家传递的经验就可供我们借鉴。以儒家重要的道德规范——“孝”为例。儒家自孔子始就十分崇尚孝道。孔子针对不同学生的提问，对“孝”从不同的角度进行了阐释：“今之孝者，是谓能养。至于犬马，皆能有养。不敬，何以别乎?”① “色难。有事弟子服其劳，有酒食先生馔，曾是以为孝乎?”② “父母在，不远游，游必有方。”③ 指出了“孝”的丰富内涵和基本要

① 《论语·为政》。
② 《论语·为政》。
③ 《论语·里仁》。

求。不仅如此，《孝经》对于不同社会阶层的人（君主、卿、士大夫、庶人）行孝也做了具体的规定；并且区分了大孝、中孝、小孝，使得孝规范具有了层次性，对于不同社会身份、不同道德水平的人有了现实的指导作用。《礼记》则对人们在各种不同场景之下的行孝方式给予了具体的规定。对于传统孝道，我们应当批判继承。尤其是在人口老龄化趋势日渐加剧的情况之下，继承中华民族优良道德传统，弘扬孝道，十分必要，而这也确实是我们现在正在大力宣扬的。然而，细想我们今天对于“孝”的宣扬，似乎主要是一味地要求子女赡养父母、孝敬父母、孝顺父母，但是至于如何赡养、如何孝敬、如何孝顺等问题，却没有明确的解答和指导。对于现代社会中出现的新情况，如空巢老人、送父母去养老院，如何认识和评价，也都还存有争议。以至于考察一个人是否孝，往往依赖于人们经验上的判断。甚至有些人认为是孝子，有些人认为不是，从而在道德评价上出现矛盾，令人左右为难。

尤其是当道德冲突发生时，人们更是不知所措。面对道德冲突，需要人们依据自己的道德智慧迅速做出判断和选择。孟子就曾明确地提到：“生，我所欲也；义，亦我所欲也。二者不可得兼，舍生而取义者也。”① 杀身成仁、舍生取义是孟子向人们所昭示的面对道德冲突时应有的道德选择。然而，现代社会，随着利益关系的复杂化，道德冲突愈来愈频繁，也愈来愈普遍。许多道德冲突并非发生于“生”与“义”之间，而是发生于不同的“义”之间，如制度的规定和职业道德之间，对工作的责任和对家庭的责任之间，等等。对于在这些道德冲突发生时人们应当如何抉择，缺少必要的指导。

2. 生活的复杂化导致道德空场的产生

道德空场就是尚缺乏道德作用的场域。古代社会相对稳定，生活相对简单，人际关系、生活场域相对固定，人们所身处的生活场域主要为家庭、家族，所面对的道德关系也不外乎“五伦”（君臣、父子、夫妇、长幼、朋友）。中国传统道德以之为调节对象，构建了丰富而系统的道德规范，只要人们的行为不跳出这些场域，都可以依据封建道德原则和道德规范。现代社会则变动性很强，生活更为复杂；无论是人际关系还是生活场域，都是变动不居的，而且充满着

① 《孟子·告子上》。

大量的未知因素。现代人所面临的人际关系已经远远跳出了“五伦”的框子，人际交往的方式也发生了极大的变化，手机、QQ、微博、微信成为人们之间联系的重要方式，甚至成为人们的生活方式。然而在利用这些电子产品、网络平台的过程中，应当如何处理人与人的关系？应当注意并遵守哪些道德规范？现代人的生活场域也是日新月异。虽然主要的生活领域不外乎家庭生活、公共生活和职业生活，但是现代社会中，职业生活的种类已是大为增加，而且种类翻新。这些新职业中存在哪些道德问题？应当制定怎样的职业道德规范？从业人员应当具有怎样的职业操守？此外，现代科学技术的发展，使人类社会产生了许多新的问题，如安乐死、克隆技术、转基因技术，等等。其中潜藏着哪些伦理问题，我们应当如何对这些领域进行道德规范？生活的复杂化使现代人需要时刻面对新的、棘手的道德难题。当面临这些问题时，我们应当如何判断和抉择，至今仍然悬而未决、缺乏定论。由此导致了道德空场的产生，即道德无法在特定的领域发挥作用，或者说缺乏有效的指导，因此，相应的生活秩序必然相对缺失。

3. 多元文化并存削弱了社会主义道德向生活秩序转化的力量

改革开放之前的30年间，中国社会封闭，文化领域中一元化特征十分明显，社会主义道德建设基本上没有遭遇来自其他文化价值观念的影响和侵扰，因此即便是现代人回忆当时的道德生活，仍然感叹其纯洁和质朴。当人们的价值取向与社会的价值导向较为普遍的保持一致，社会主义道德向生活秩序转化的过程中，就会较少地受到其他价值观念的影响，因而更加顺畅。然而，当代中国文化领域已然形成多元化态势，多种文化价值观念与社会主义道德并存，个人主义、享乐主义、拜金主义大量滋生，自由主义、功利主义以及其他非社会主义思潮也大量存在，这些价值观念与社会主义道德根本相悖或者冲突，它们必然形成对个体思想意识、行为选择的影响，因此即使社会主义道德在制度中得到了体现，由于现实生活中的人们各自遵从不同的价值观念和行为准则，其结果是制度、规则并不一定为部分人所认可和接受，他们总是在试图挑战社会主义道德的权威，挑战制度和规则的权威，并且以“权威”受到挑战为乐、为荣。社会主义道德向生活秩序转化的力量遭到削弱，生活秩序缺乏统一性。

（二）制度的有效性不足

如前所述，制度对于生活秩序的设计和维系意义重大。无论是中国古代社会还是宗教社会，其道德生活成功构建的经验告诉我们，道德只有得到制度的有效保障，其向现实生活秩序的转化才能持续而长久。当代中国道德生活的构建同样离不开制度对社会主义道德的彰显和有效保障。然而，当代中国道德生活领域大量问题的存在，在很大程度上是源于制度化设计的不足以及制度执行的不力。

1. 制度化设计不足

制度化设计的不足一方面使道德行为得不到激励，人们的道德行为无法得到保障；另一方面也使不道德行为的代价较低，甚至有所获利。不可否认，当代中国的社会制度总体而言是对社会主义道德的彰显和维系，如以宪法对人与人的平等、赡养老人、抚养子女加以确认和保障等，但是在很多方面仍显不足。在社会公共生活领域，制度尤显匮乏。爱护公共卫生，公共场所禁止吸烟，禁止攀爬，排队购票、入场等道德要求早已为人们所熟知，但是在现实生活中，却是随地吐痰、公共场所吞云吐雾、插队夹塞等不道德行为随时随处可见。人们都说这是中国人的“习惯”，并冠之以“中国式……”可是令人费解的是：为何养成如此“习惯”的国人去到中国香港、新加坡以后，却不随地吐痰了，不随地乱扔果皮纸屑了，也不在公共场所吸烟了。考其原因，恐怕还是别人的制度设计中有对社会公德的支持和保障——随地吐痰罚款！乱扔果皮纸屑罚款！公共场所吸烟罚款！害怕遭到来自制度的惩罚是其“自觉”遵守道德规范的真正原因。无怪乎当这些国人回到缺乏相关制度管束的内地，一下子就“打回原形”，甚至高呼：“这下终于自由了！”制度化设计的不足还表现在，当前的制度无法充分保证行善和行恶之间的公平正义，以至于经常是行善者吃亏，行恶者享福。近年来一直困扰人们并屡有讨论的话题：路人摔倒，扶还是不扶？扶者可能遭遇被敲诈，而真正的肇事者却逍遥法外。这使我们不得不思考：如何从制度上对行善者给予支持和保障，如何使制度成为公平正义的真正保障，使人们的善良之心不致被恶意的冤枉所浇灭。此外，如何对国家工作人员以及各种领导干部的“德”进行考评，建立起有德者上、无德者坚决“下岗”的制度，恐怕也是当前我国制度建设中应当着力思考的问题。制度化设计的缺失，使得社会主义道德缺乏转化为生活秩序的强力保障，同时也极易为其他不良道德观念、价值观念向生活秩序的转化提供方便。

2. 制度执行不力

制度执行的不力使制度的价值导向功能大为削弱，并纵容不道德行为的滋生。潜规则盛行就是制度执行不力的直接后果。制度中蕴含着道德观念和价值导向，是一定的道德观念和价值观念的具体化，制度在执行的过程中对于人们起着价值导向的作用，引导其做出符合社会主义道德的行为模式。当代中国生活秩序的混乱在很大程度上正是由于制度没有得到有效的实施。制度的有效实施依赖于有关国家机关职能部门公平、认真地履行职责，做好对社会生活各个领域进行管理的工作。然而，事实是，有些职能部门工作人员官僚气息严重，既不主动走访调查，也不能认真、正确对待群众的投诉和举报，部分国家工作人员甚至于执法犯法，损害群众利益。国家工作人员的这种工作作风直接降低了政府的公信力，于是人们遇到问题时更加愿意找记者曝光，而不愿直接向有关国家机关检举、举报——因为在他们看来，这是徒劳。国家工作人员的不作为及其对于制度的漠视，一方面使得制度的效力受到人们的普遍质疑，制度对人们的价值导向功能遭到极大削弱；另一方面使得人们开始在制度之外寻找某些为大家所共同遵守的“规则”，“潜规则”于是应运而生。潜规则是对社会制度的公然对抗，其中所包含的价值观念也一般都与社会主义道德基本价值观念向违背、相对立。如果潜规则普遍化，成为人们在现实生活中实际遵循的行为规范，那么社会的生活秩序必然走向我们预期的反面。

潜规则的存在并非现代社会所独有。潜规则相对于显规则而言，在显规则存在的地方就有潜规则的存在，因此，潜规则可以说是由来已久。吴思在《潜规则：中国历史中的真实游戏》一书中历数了中国古代官场中的种种潜规则。正如有法律之时就有犯罪一样，犯罪的出现是一个社会中的正常现象，破坏制度，游走于制度之外，寻找自己的利益的满足，也是一个正常的社会现象。但是，如果犯罪成为社会的常态，潜规则成为人们普遍认同和遵循的“规则”，那么，且不说社会已趋于病态，但是至少已经成为较为严重的社会问题了。

同历史上的潜规则不同，现代社会的潜规则已经不仅仅局限于政治领域，而是由于生活的复杂化、权力的复杂化渗透到社会生活的方方面面，因此，潜规则不仅是官场潜规则，或者是上对下的鱼肉，也有大量的普通百姓的参与，普通百姓之间的鱼肉。

潜规则的盛行及泛滥说明社会正常的生活秩序已被破坏，制度、政府的威信遭到漠视乃至无视。那么，为何潜规则之风如此盛行？道德生活存在诸多问题？造成这一现象的原因何在？

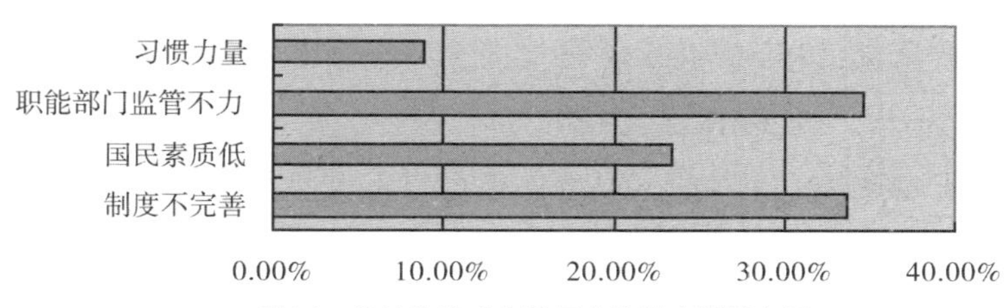

图14：您认为造成生活无序的根本原因在于？

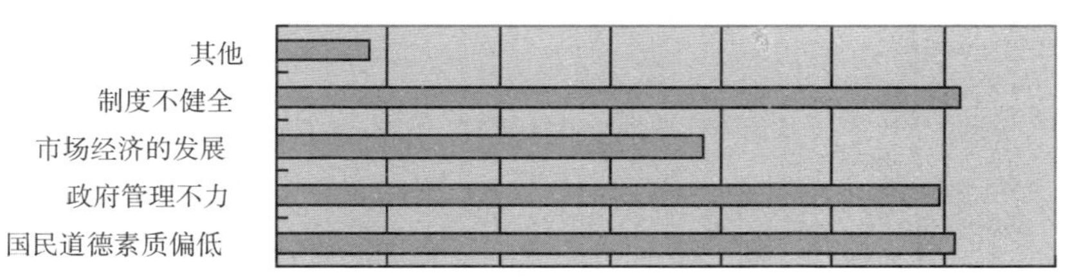

图15：您认为当前我国社会生活中道德问题产生的根源在于？（可多选）

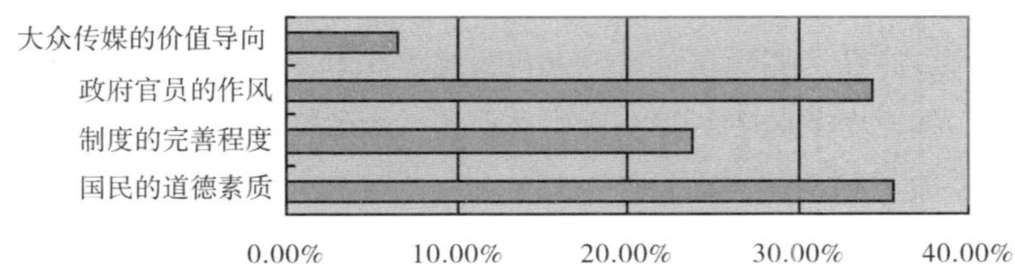

图16：您认为影响社会风气最重要的因素是？

在上述三个表格（图 14 - 图 16）所反映的数据中，我们可以发现，尽管人们认为造成当代中国生活秩序和道德生活诸多问题的因素是多方面的，但是，认为政府职能部门的监管能力以及政府官员的作风是一个相当重要的影响因素的人占的比例总是位居一、二位。这说明即使有许多方面的客观原因造成了我国生活秩序和道德生活的现状，但是人们始终认为政府及其工作人员工作的不力是造成这一现状的主要原因。

通常，在分析类似问题时，我们会把矛头指向这样两个方面：一是制度不完善，二是个人品质还有待提升。确实，在一个制度完善、人们具有高度的道德自觉的社会里，人们可以保持一个良好的生活秩序。但是我们似乎忽视了，完善的制度仍然需要人来执行，高度的道德自觉需要在一个良好的道德环境中养成。而制度的执行、良好道德环境的营造，又有赖谁来实现呢？想到了这个问题，就不难理解人们为什么会把主要责任推到了政府及其工作人员的身上——他们是执法者，在塑造良好道德环境中发挥重要作用。

中国足球黑哨事件中的前国际级足球裁判陆俊接受记者采访时这样说道：

陆俊：都是为了目的，前提是大家没有道德，没有规范、没有制度、没有制约、没有监督，就是应该有一个良好的监管环境。你说的我去亚洲吹比赛，我去国际上吹比赛，去世青赛吹比赛，我吹了很多比赛，不是也没有吗？你不是也吹了吗？你不是也很好去完成那些任务了吗？为什么回到国内吹完比赛你就（伸手了）？所以我觉得还是一个氛围环境，再加上最主要的还是你主观上的。但是我觉得就凭我自己的思想水平和道德水准，我觉得确确实实的让我来抵御这个东西，我觉得我不具备这个水平。最起码这点上还没有达到一个真正的（职业水平）。

陆俊：一个人想在这种金钱面前反复考验自己。确实我觉得，反正我觉得我没有这个能力去抵御，所以这也是，我觉得还是要有一个良好的一种监管制度，但是我不能赖这个制度，我觉得应该有一个很好的环境，如果完全靠个人的一种能力去抵御，我觉得还是，反正确实我不行。

中央电视台《新闻调查》栏目之“黑哨内幕”

不得不承认，陆俊的此番检讨是客观的，也说到了问题的实质。当我们一味地去批评这个、批评那个，说他们缺乏正确的价值观、缺乏起码的道德自律的同时，是否也应当思考一下：这完全是个人的问题吗？如果是个人的问题，那么是什么导致了如此多的具有同一问题的人？人性不是抽象的，不是与生俱来的，而是社会的、历史的。不考察更为深刻的社会的、历史的原因，不可能得出十分正确的结论。具体到当代中国，政府对于规则制度的执行力着实不太令人满意，更有言曰："中央的政策出不了中南海。"而这，在我看来，恰恰是生活秩序和道德生活中所有问题的症结所在。

执行力不够首先表现为"执法"部门不作为甚至乱作为。中国原足协治理下的中国足球可以说是"乱作为"的代表。现实生活中还有很多部门不作为，例如市场上缺斤少两、假冒伪劣少人问津；餐馆酒店使用地沟油、违禁化学调味品却乏人监管；对于违规建筑互相推诿，睁只眼闭只眼；对于群众的检举、举报置之不理。对此，国人有着较为切身的感受。73.2%的人认为职能部门对于相关社会生活领域"有监管，但无效果"，更有11.9%的人认为根本就没有监管。关于国家机关工作人员在执行制度方面的评价，"较差"和"很差"的共计71.2%。正是由于人们认为国家机关及其工作人员执行力差，因此在那些认为职能部门不作为或者乱作为的人那里，发现潜规则之后不是向职能部门举报，而是向电视媒体曝光（9.2%），或者自己上网曝光（59.9%），只有23.2%的人选择"向主管机关检举"。因为在他们看来，只有通过电视、网络等媒体曝光，造成一定影响之后，相关职能部门才会介入，才会管。而这确实也是事实。曾有某电视台某民生栏目播出过这样一个节目，记者打电话向某部门反映问题，结果在现场等了许久，也不见执法人员前来；再打电话过去，说是已经派人来巡视了，没有发现记者所说的问题。看到这儿，相信很多观众都无语了，都愤然了。难怪人们发现问题向媒体曝光，而非向职能部门检举、举报了。

而被媒体曝光、被职能部门执法之后的状况又如何呢？许多问题往往是死灰复燃。为什么？原因何在？因为其执法是一次性执法，而非连续性执法。当事情过后，舆论淡化以后，相关职能部门又是"坐"起了官老爷，闭门不出了。

试问，如此执法，法外之"法"焉能不大量滋生乃至盛行！如果说我们的制度尚有不健全之处，我们的国人道德水平尚有待提升，但这些都还仅仅是潜规则萌生的温床，而职能部门的不作为却为潜规则的滋生及盛行拆除了屏障，打开了方便之门。

制度的有效性有助于促进道德向生活秩序的成功转化；制度有效性的缺失则助长不良生活秩序的形成。确保制度有效性的实现，政府应当具备两种能力：制定制度的能力和执行制度的能力。不过，国家执行制度的能力并不一定比其制定制度的能力强。“这就给中国的社会留下了一个隐秘的自主性空间。自主性的存在在某种意义上讲是‘非意识的后果’，自主性来源于正式制度的粗疏。”① 确实，在影响制度有效性的如上两个因素中，制度设计的不足完全可以根据工作的需要以及现实生活的变化及时予以弥补，而制度执行的不力则需要制度的执行者、实施者整治并改进工作作风，切实做到认真、公正、无私地履行工作职责，做好本职工作。目前我国制度有效性的不足固然有社会变革时期制度设计不足的因素，但是更为重要的影响因素，也是人们反应更为强烈的因素，恐怕还是制度执行的不力。

当制度执行不力，规则、制度的权威就会受到挑战，从而使“作为制度运行条件的基础秩序”② 出现问题。制度由人来执行，由人来遵守，人的道德素质是制度能否得以有效实施的重要影响因素，而这也恰恰是基础秩序的重要内容。以此来反观当代中国的生活秩序，正如调查中所显示的，人们对于制度已经丧失了起码的敬畏，由此表现出来的基础秩序的缺失成为当前我国社会生活失序、道德生活面临困境的重要原因。

个案1③：从足球“黑哨”说起……

足球本是一项“阳光下的运动”，可是在中国的绿茵场上，在众目睽睽之下，却上演着一场又一场由潜规则操控的比赛，比赛的背后隐藏着隐蔽的交易，假球、赌球、黑哨也因此不断在运动场上上演。自2007年至2010年，随着一大批涉案人员的相继被捕，中国足球界的“黑幕”也逐渐被拉

① 孙立平：《向市场经济过渡过程中的国家自主性问题》，《战略与管理》1996年第4期。

② 孙立平：《重建社会：转型社会的秩序再造》，北京：社会科学文献出版社，2009年版，代序第22页。

③ 材料来源：中央电视台《新闻调查》栏目之“黑哨内幕”（2011-03-30）。

开。陆俊、黄俊杰、周伟新都是曾经的国际级裁判，陆俊还五次获得“金哨”奖，他们也深陷“黑哨门”事件之中。在他们与记者的谈话中，反映出许多值得我们深思的问题。(以下仅摘取片段)

黄俊杰的行为很多都是领导的“授意”。2009 年 10 月 24 日，中国足球超级联赛倒数第二轮，广州医药主场迎战青岛中能队。此时，广州医药队已经保级无忧，而青岛中能队则还有降级可能。青岛中能队的教练在赛前一天专程到上海看望黄俊杰，并给了他一个装满钱的纸袋。

记者：然后在那说什么？表示了什么？

黄俊杰：就是说你一定要在场上帮我们，然后包里放的是钱，我就坚决不收，因为什么，领导都给我打电话，在这种情况下（能收吗)？

黄俊杰：所以像类似这种情况，我以前碰到好多好多，就是保级队，去吹保级队比赛，领导总是有这个嘱咐。

记者：怎么嘱咐呢？

黄俊杰：就是保级队重要，偏向他们，按照领导的意图。

黄俊杰：我能怎么办？

记者：你说这个领导是哪一级领导？

黄俊杰：(原）中国足协领导。

黄俊杰：有时候说老实话，有时候比赛你去吹哪一个队都觉得，脑子也是比较清楚，这个队和谁谁谁关系比较好，脑子已经比较清楚了，他给你打一个电话，有时候给你发一个信息，你的脑子就应该清楚了，就清楚了。你去执裁的方式方法，你就清楚了。

记者：他会怎么说呢？

黄俊杰：不用怎么说，你去了一场球，打个比方，刚才青岛队的比赛，他给你一个信息公正执法，一定要公正执法，你就知道了，主场利益不要考虑，马上脑子就知道了，我执裁这么多年了。

记者：像这种情况很多，是吗？

黄俊杰：包括 2007 年长春队，我在国外的时候就给我打电话，要我赶回来。

记者：谁打电话？

黄俊杰：裁委会通知我，给我打电话，要我赶回来，我当时在 U21，在迪拜赶不回来，他说你一定要想办法赶回来。

记者：已经有领导的指示了，怎么完成领导的意图呢？

黄俊杰：就一个尺度的问题，相对来说对广州队，这个球我可以吹紧一点，相对来说在青岛队上面，我可能放松一点，但我一定在规则的依据下面。

记者：一般都是怎么样呢？

黄俊杰：一般比赛完了之后，球队赢了，有些俱乐部做工作的，可能给裁判一点好处费。

记者：这样的钱会有多少钱？

黄俊杰：3 万、5 万。

黄俊杰：有时候俱乐部认为这场球比较重要，俱乐部专门来和裁判接触。

记者：（给）多少钱？一般给多少钱呢？

黄俊杰：5 万。

记者：有的时候更多点？

黄俊杰：5 万、10 万。

……

黄俊杰：使这个比赛能够达到领导的目的，我也算完成任务了，我也解脱了，能完成这个任务我也解脱了。

记者：这场比赛后来是 0：0，青岛没找过你？收没收这个钱？

黄俊杰：没有。

记者：为什么没收钱呢？这样一个“官哨”在中国足协，在中国中超联赛当中多不多？

黄俊杰：我吹得比较多，也有，其他裁判也有。

记者：主要是哪一级的领导会给你提前打这个招呼？

黄俊杰：各级领导都有。你能违背领导的意愿吗？我要早点违背就好了，我今天也不会坐在这了。

个案2①：安徽省界首市虚报义务教育学生人数

2012年3月21日，教育部发出通报，披露安徽界首学籍注水事件的查处情况。通报指出，2009年，安徽省界首市教育局虚报义务教育学生人数10498人，套取义务教育公用经费资金663.5万元；2011年，虚报义务教育学生人数7136人，由于2011年教育事业统计信息将作为2013年核拨教育经费的依据，尚未形成套取国家教育资金的事实。

中央电视台《焦点访谈》栏目记者采访某小学校长时有以下对话：

记者：虚报学生这种事，干这件事的动因，是来自教育局的领导，还是你们校长自发的？

校长：不是校长自发的。

记者：肯定不是校长自发的？

校长：对。

记者：那么教育局领导是怎么授意的？

校长：他也没有具体的指示。

记者：下面怎么办，那他要布置一下工作吧。

校长：那你得体会上级领导的意图啊。是不是这个意思。

记者：你是怎么体会领导意图的呢？

校长：比如说叫咋干你小兵得咋干，叫你当事干就当事干。

记者：那也就是说，虚报这个学生人数，领导有这方面的授意。

校长：（笑）不能说。

记者：不好说是吗？

校长：不知咋说，我不好说。

规则制度原本具有权威性，是人们行为的依据，然而，现实生活中，一些人规则意识淡薄，甚至对规则熟视无睹，表现出“不屑”，甚至“无视”。在上

① 《教育部关于安徽省界首市虚报中小学学生人数套取教育资金问题的通报》（教育部文件教监［2012］1号），中华人民共和国教育部网站，2012—03—21，网址：http://www.moe.gov.cn/publicfiles/business/htmlfiles/moe/s5972/201203/xxgk_133156.html

述足球黑哨事件以及界首市虚报义务教育学生人数事件中，挑战规则和制度的权威的不仅有运动员、教练员、裁判员、足协官员，还有从事教育事业的教师和教育局领导。他们之所以敢于挑战规则和制度，归根结底，是受到了权力、金钱的支配，而且二者往往相互勾结。

权力的享有者通常是规则、制度的制定者和执行者，他们本应当是规则、制度的维护者和守护者，但是有些人却利用手中的权力大做违反规则、制度之事。我们在此无意探讨事件所产生的道德影响，也无意进一步探究相关领域到底如何无序，我们在此主要是想要指出这样一个事实——领导下属以及普通群众，只是一味地想当然地服从领导的“指示”，对于领导违法的授意，他们居然没有丝毫的违抗（哪怕是检举）。这让我们不得不反思：在他们的心目中，到底是领导的“授意”大，还是“法”大？何者在他们的心目中具有更大的权威？其实，这些不过是问题的表象，其深层的原因则在于：到底是领导的“授意”有效，还是规则制度有效？如果违反规则制度所遭致的惩罚较违反领导“授意”所遭致的“打击”的可能性要小、要远，或者说更加不确定，那么相较而言，领导的授意就更为有效。于是，权力敢于对抗规则、制度，而其下属却不敢对抗权力。于是，当权力介入时，一些人就将规则制度抛在一边。

对规则制度的挑战不是徒劳无获的，其背后一般都隐藏着利益的链条。2003 年 11 月 9 日下午，上海申花对阵上海国际。上海申花赛前两天即通过熟人找到张建强（原足协裁判委员会秘书长），让他找比赛裁判陆俊帮助申花取得胜利，并暗示事成后申花队会“有所表示”。那场比赛上海申花最终以 4：1 大获全胜，事后也支付了 70 万元（张建强、陆俊各 35 万元）的好处费。界首市教育局虚报学生人数，目的就是套取国家义务教育公用经费——这一经费是否用到了义务教育之中，或者是否打算用到义务教育之中，还是个疑问。违反规则制度的获利远比遵守规则制度的利益要大得多，这对人们来说是一个极大的诱惑。陆俊这样说道：“一个人想在这种金钱面前反复考验自己。确实我觉得，反正我觉得我没有这个能力去抵御。”当个人的意志不是足够坚定、强大，确实难以在金钱的诱惑下不去做规则制度所不许可的事情。

据《论语》载，李康子问政于孔子，孔子对曰：“政者，正也，子帅以正，孰敢不正？”① 孔子还曾这样说：“其身正，不令而行；其身不正，虽令不从。”② 当领导干部——制度的制定者、执行者和维护者——都视规章制度为儿戏，当金钱交易充斥于社会环境之中，我们又怎能期待他人有良好的规则意识？又怎能期待他人都严格地遵守规章制度？综观我们当前的社会生活，视规则如儿戏的现象无所不有。“黑的士”、假出租猖獗营运，和交警玩着“猫捉老鼠”的游戏；学生考场舞弊连连，被捉后不觉羞耻，反倒对监考老师怀恨在心；“诚信代考”、隐形耳机的广告公然贴（写）在公共场所，全然没有丝毫的遮掩；……所有这些似乎在说明这样一个事实：法律制度的威严、权威正在遭受挑战，违法、违纪行为敢于公然对抗法律制度。

为此，转变工作作风，有法必依，有令必行，以人为本，是实现制度有效性的当务之急。从这个角度来说，国家工作人员（执法者）在维系良好生活秩序、构建理想道德生活方面发挥着首当其冲的作用。对此，我们应当予以高度重视。

（三）社会习俗的价值导向偏失

习惯力量对于生活秩序的影响同样不可小觑，尤其是群体性的习惯性思维和习惯性行为选择更是在无形之中成就了具有普遍性的生活秩序。而群体性的思维习惯和行为习惯也直接影响着一个民族生活秩序的特质，因此，同样有制度对于维系生活秩序的参与，但是在具有不同习惯的民族那里，其实际的生活秩序景象绝对是不尽相同的。社会习俗通常是习惯力量的重要源泉。在制度有效性不足的情况下，以习俗为指南所形成的秩序往往具有较大的稳定性。社会习俗中的价值导向如何，在很大程度上决定着生活秩序的走向。当代中国在制度有效性不足的情况下，社会习俗也存在着价值导向偏失的问题。

当代中国，对生活秩序造成重要影响的社会习俗主要是讲求情面，对此，林语堂曾概括为“阴性的三位一体：面、命、恩”③，即面子、命运和恩惠。毫不夸张地说，这正是国人习惯性思维的核心内容，也是中国几千年来与社会制

① 《论语·颜渊》。

② 《论语·子路》。

③ 林语堂：《中国人》（全译本），上海：学林出版社，1994 年版，第 199 页。

度并行不悖的人们习惯性行为的来源和依据。它对于生活秩序的影响，林语堂这样艺术而深刻地描写道：

> 这三位女人是那样地斯文，那样地迷人。它们使我们的祭司堕落，向我们的统治者献媚，保护强者，引诱富豪，麻醉穷人，贿赂有雄心壮志的人，腐蚀革命阵营。它们使司法机构瘫痪，使宪法失效。它们讥笑民主，蔑视法律，拿人民的权利开玩笑，践踏所有的交通规则、俱乐部规则和人民的家园。如果它们是独裁的君主，长得很丑，就像狂怒的复仇女神，那么，它们的统治就不可能长久。然而，它们的声音是那么温柔，办法是那么和缓，脚步轻轻地走在法庭之上，指头在静静地，娴巧地移动，让正义的机器停止运转；与此同时另一只手却在抚摸着法官的面颊。是的，崇拜这些不信教的女性会给人带来异常的舒适。因为这个原因，它们的统治还会在中国延续一些时候。①

事实上，它们的统治至今还在延续——尽管力量略有削弱。这种习俗的盛行，使得个人利益凌驾于社会利益之上，个人权力凌驾于社会制度之上，公平、正义都被它温情脉脉地踩在了脚下。这种习俗所传达出来的价值观念与社会主义道德倡导的集体主义、为人民服务、公平、正义等价值观念是背道而驰的。一任情面之风泛滥，演变为实际的行之有效的生活秩序，社会主义理想道德生活的构建将会陷于窘境。

社会习俗不是空穴来风，而是有其形成的社会土壤。究其根源，则是中国社会的组织形式——家庭制度。中国自古是一个宗法血缘社会，宗法血缘关系是人与人之间最重要的关系，是“五伦”（君臣、父子、夫妇、长幼、朋友）的核心，同时也是“中国人际关系的滥觞”②。在宗法血缘关系之下，人们聚族而居，亲情交往成为人际交往的主要内容。因此，重视血缘亲情、人情自然成

---

① 林语堂：《中国人》（全译本），上海：学林出版社，1994 年版，第 199—200 页。

② 翟学伟：《人情、面子与权力的再生产》，北京：北京大学出版社，2005 年版，第 83 页。

为中国人人际交往的重要特点，合乎人情则成为中国人的基本处事逻辑和原则。“对中国人来讲，一个观点在逻辑上正确还远远不够，它同时必须合乎人情。实际上，合乎人情，即‘近情’比合乎逻辑更重要。”① 那么，怎样才是“合乎人情”呢？孔子告诉我们：人们最深厚、最真挚的情感首先指向父母、兄弟姐妹，其次才指向关系渐远的人；惠顾自己的亲人，乃至父子相隐，都是合乎人情的。这就为裙带关系提供了方便之门。据《史记·五帝本纪》记载，被孔子视为圣贤的舜，就是一个未能免于裙带关系之人。舜“践帝位”后，即“封弟象为诸侯”。人情既然有如此之好处，人们自然会想法设法地利用它。于是，那些毫无血缘关系的人想出了五花八门的手段，如套攀人情、交换人情，去与别人（主要是掌握权力的人）建立起某种关系。套攀人情就是通过“认亲”行为，使原本没有血缘关系的人之间具有某种类似血缘关系的身份，如结拜兄弟、姐妹，认个干爸干妈、干女儿干儿子之类。人情一旦套攀成功，身份地位就发生了变化，他从此也就具有了某种“特权”，享受着特殊的优待，成为不受规则制约的人。人情不仅可以套攀而得，而且可以交换而得，如“送人情”。在“人情”的你来我往中，关系在不断拉近，感情在不断加深，事情也就越来越好办。这就是“中国社会中的人情从家庭向社会的泛化”过程，虽然“社会上的人情已经没有了血缘基础”，但是它已经“从原先的必然性变成一种或然性，从原先的亲变成义再变成利”②。古代社会由于严格的等级制度，限制了不同阶级人们之间的交往，因此这种习俗虽然存在，但其影响力受到局限。现代社会，等级制度被打破，平等的不同阶层之间的往来十分频繁 加之经济的发展造就了大量有一定资产的国民，以“利”来套攀人情变得十分普遍。当然，套攀人情能够发挥作用，还在于中国人对于“面子”的重视。有人请自己帮忙，如果自己没有帮上，就会觉得有失面子；反之，如果自己帮上了忙，哪怕是对方求自己帮忙，都会觉得是有面子的事情。如此，有人为了自己的利益而套攀人情，被套攀人情者则为了自己的面子而视规章制度于不顾；规章制度的被打破也就在所

① 林语堂：《中国人》（全译本），上海：学林出版社，1994 年版，第 100—101 页。
② 翟学伟：《人情、面子与权力的再生产》，北京：北京大学出版社，2005 年版，第 85—86 页。

难免。所以林语堂这样指出："除非这个国家的每个人都丢掉自己的面子，否则中国不会成为一个真正的民主国家。不过，老百姓本来就没有什么面子，问题是，当官的什么时候才愿意丢掉自己的面子呢？在警察局里，面子被丢掉时，我们的交通才会安全；在法庭上，面子被丢掉时，我们才有公正的判决；在中央各部，面子被丢掉，面子政府被法治政府取代之时，我们才会有真正的共和国。"① 此语虽发出于七十年前，但至今仍然具有振聋发聩之感。

当代中国，家庭制度虽有所衰退，但在社会生活中仍然发挥着重要的影响作用，并且成为影响中华民族心理的重要因素。此外，我们的单位制度也在一定程度上催生了"寻求私下交易和相互帮忙为特征的亚文化"②。这主要存在于由国家管控的各种单位之中。这些单位有共同的特征：工作相对稳定，这些单位的饭碗一旦捧上，不会轻易打碎；单位领导由上级任命并掌握着一定的政治经济权力，上下级之间是"庇护—依赖关系"③。下级想要获得某种利益，哪怕是正当的、应得的，也必须搞好同上级的关系；上级想要使自己的想法得到贯彻，就必须有忠实于自己的"得力干将"。这种关系使得上下级之间相互依赖、相互为用，形成了一个复杂的互惠交易网络。官场上，下级向上级行贿，对上级俯首帖耳，想上级之所想；上级保护下级，给下级诸多便利和获得提升的机会。教育部门，下级帮上级撰写论文、论证课题；上级在评定职称、申请课题、申报奖项等方面给予照顾……在这种结构关系之下，公私关系逐渐模糊，裙带关系获得了滋生的温床。

由上可见，人情关系作为我国社会习俗中的一个方面，由于其对规章制度的超越，已经对生活秩序造成了相当大的负面影响。而且由于它已经成为中国人的思维习惯和行为习惯，因此它对于中国社会道德生活构建的消极影响将会长期存在。

综上所述，社会主义道德本身没有很好地向生活秩序渗透，依靠国家强力

---

① 林语堂：《中国人》（全译本），上海：学林出版社，1994 年版，第 206 页。

② 李友梅等：《中国社会生活的变迁》，北京：中国大百科全书出版社，2008 年版，第 97 页。

③ 李友梅等：《中国社会生活的变迁》，北京：中国大百科全书出版社，2008 年版，第 97 页。

来维系的社会制度的有效性不足，以及社会习俗价值导向的偏失，共同造成的结果是：生活秩序缺乏正确的指引，不良生活秩序却在现实生活中大量存在。这些现象表明，社会主义道德的基本原则、道德规范没有很好地渗透入人们的日常生活之中，现实道德生活与社会主义理想道德生活之间仍然存在一定差距。

三、重整生活秩序，构建理想道德生活

良好的道德生活通过有序的生活得以表现，反过来，生活秩序如何，生活秩序反映何种道德观念和价值观念，道德生活也就必然如何。所以，道德生活的构建固然离不开主流道德观念和价值观念的形成、宣传和教育，但是更为重要的恐怕还是根据现代社会的具体情况，寻找将社会主义的道德原则和根本价值理念转化为生活秩序的有效途径。

（一）消除制度与“潜规则”对人们行为的双向引导

当社会生活中出现两套完全不同的行为规则时，何者将对人们的行为产生实际的作用，人们在现实生活中将遵从何种行为规则，取决于何者更加具有有效性。当前我国在社会制度之外存在着种类众多的潜规则，各种各样的行业潜规则通过媒体不断地曝光，究其原因，当然与改革开放以后功利主义的盛行以及部分人对道德的漠视不无关系。但是我认为，社会变革时期制度有效性的不足是潜规则盛行的根本所在，换言之，制度在战胜潜规则、引导人们向善方面没有发挥应有的作用，致使代表和体现“善”的制度成为一纸空文，而代表和体现“恶”的潜规则成为现实的行之有效的行为“规则”。因此，消除当代中国制度与“潜规则”对人们行为的双向引导，关键在于解决社会制度有效性不足的问题，而解决社会制度有效性不足的关键又在于制度的执行者必须要有所作为，尽职尽责，从而使“潜规则”无处藏身，无法发挥作用。

1. 根据社会生活的变化及时完善各项制度，实现制度的科学性

制度的缺失是潜规则盛行的一大原因。生活在不断变化，制度如果僵化，就无法对现实生活进行有效的规范和指导。制度的制定者不能固守于既有的制度，而是应当根据社会生活的变化及时补充和完善各项制度，使之不仅能够适应现实的需要，而且具有一定的前瞻性，以防患于未然。

通过制定法律法规，明确新兴领域的行为规范。例如，随着网络的不断发

展，我国目前已经成为世界拥有网民数量最多的国家。网络在服务工作、生活的同时，也带来了新的课题——如何有效监督和规范人们在网络社会的言行？尤其是网络运行商、网站运营商在维护网络秩序中应当负有哪些职责和义务？再如，一些电信运营商、房产开发商、网站经营商、电商、银行工作人员等，将自己掌握的大量客户信息有偿转让给他人，从中渔利，致使公民个人信息严重泄露，为一些非法之徒提供便利。这使我们必须思考：如何规范对个人信息的持有和保护，如何惩处泄露公民个人信息的行为？领导干部干预司法案件应当承担怎样的责任？如上种种，都需要明确且科学的制度规定给人们的行为以明确的指导和约束，同时明确违反制度规定所应承担的法律后果。

通过完善法律法规，明确各种行为的标准、尺度、范围。对于既存的行为给予明确的规约是消除潜规则的重要前提。现实生活中，某些方面的规定比较模糊，甚至缺乏操作性，从而使规定的效力大打折扣。例如，公务接待在国家机关及国有企事业单位是正常行为，但是公务接待的标准到底如何？以往“四菜一汤”的规定显然太过模糊。曾经轰动中国并影响中国奶制品行业的“三聚氰胺”事件折射出我国奶制品质量检测中存在漏洞，这同样涉及如何制定科学的质量检测标准，确保食品安全。

可见，制度的缺失导致的后果是：潜规则以及不良行为获得了生存和发展的空间，人们的行为失去了正确的引导。在这种是非、善恶、美丑的斗争中，只有真善美的力量强大了，假恶丑的势力才能够得以削减。因此，制定和完善维护真善美的制度，是消除潜规则对人们行为的引导的前提条件。

2. 改善工作作风，加大监管力度，实现制度的刚性运行

如前所述，潜规则的存在与制度的执行不力不无关系，而这其实意味着相关职能部门监管上存有疏漏。要阻击潜规则，相关职能部门的工作人员有必要改善工作作风，改进工作方法，切实有效地加强监管力度，确保制度刚性运行。

首先，制度的执行者应当明确自己的角色定位，切实强化责任意识。各种制度的执行者，尤其是国家机关工作人员，应当明确自己不是握有大权的“老爷”，而是服务人民、服务社会的“公仆”。然而现实生活中，制度执行者中不乏缺少责任意识之人。有的部门为了“省事，少惹麻烦”，干脆“以罚代管”，例如，运输管理部门让司机交上几千元钱，凭收据即可一年之内随便超载且可

免除罚款；有的部门以“监管有难度”为由，对违法行为放任不管，听之任之；还有的部门将权力视为自己的“资本”，视为谋取私利的工具，于是成为“潜规则”的制造者。可见，加强对制度执行者的道德教育，敦促其不断加强自我道德修养，使其明确自己的责任，形成最为基本的责任意识，是杜绝潜规则的首要条件。唯有如此，他们才能深刻感受到自己所肩负的重担；唯有如此，他们才能时刻鞭策自己严格监管，切实将制度落到实处，维护生活秩序。

其次，制度的执行者应当摒除官僚作风，积极主动对社会生活相关领域进行监管。对社会生活的有效监管以对社会生活的充分了解为基础。整天坐在办公室里，出门坐专车，是不可能深入生活、了解生活的，更不可能及时发现和解决现实生活中存在的各种问题。这种官僚习气不仅阻隔了其与人民群众的联系，而且断绝了其对违法行为的斗争。因此，制度的执行者一方面应深入基层，调查走访，积极主动地对相关领域进行不定期的监督和检查；另一方面，走与人民群众相结合的道路，建立起与人民群众的密切联系，借群众之眼，及时发现社会生活中更多的问题。

再次，制度的执行者应当严肃认真地对待群众举报，坚决不做违法犯罪行为的“保护伞”。群众是制度执行者的眼睛，可以帮助其发现问题。然而群众作用的发挥依赖于制度的执行者能够严肃认真地对待群众的举报。如果对于群众的举报投诉不管不顾，就会降低相关部门的公信力，降低群众向相关部门反映问题的积极性。因此，制度执行者应当鼓励群众举报投诉；接到举报投诉后，认真调查了解，及时给群众反馈；如果确系违法违规行为，严惩不贷，决不纵容，也决不为之保驾护航。

制度执行者工作作风和工作方法的改变当然依赖于他们自身思想素质的提升，但是也离不开制度的支撑。为此，应当严格规定岗位责任，对于错误履行岗位职责、不履行岗位职责以致监管不严、违法违规现象丛生者，实行问责制，将工作成绩与职务、奖金挂钩。同时完善监督和评价制度，尤其是要加强人民群众的监督，并将人民群众的满意度作为重要的评价指标。只有让被服务者（人民群众）对于服务者有监督和评价的权力，服务者才会想尽办法、竭尽全力地更好地提供服务。

综上，规章制度科学、有效，才能形成对人们行为的积极引导，帮助人们逐渐形成良好的道德习惯；反之，则会任由潜规则滋生横行，进而对人们的行为产生消极影响。

（二）以社会主义核心价值观引领社会习俗

社会习俗从来都是一股强大的保守力量，具有相当大的稳定性，在维系生活秩序方面具有潜在的作用。然而，任何社会习俗都是文化的积淀，其中有的习俗反映着文化的精华，是对优良道德和价值观念的传承；有的则反映着文化的糟粕，是对落后道德和价值观念的固守。习俗中传达的道德观念、价值观念如何，将会在很大程度上决定着生活秩序的景象。因此，构建理想道德生活，必须致力于对社会习俗的正确引导，及时将社会主义的道德观念、价值观念注入社会习俗之中，使之转化为人们在日常生活中的习惯性思维和习惯性行为。当代中国正处于社会变革时期，传统正在逐步消解，新的习俗正在形成；而文化领域的多元化发展态势又为习俗的形成提供了多种文化来源，在这种形势下，加强社会主义道德的宣传和教育，以社会主义核心价值观引领社会习俗，就显得尤为迫切而且重要。如果社会主义道德不能占领这一阵地，那么其对道德生活有可能造成巨大的负面冲击，使理想道德生活的构建遭遇重大阻碍。

1. 重视人的日常生活这一社会习俗发挥作用的重要领域

日常生活多涉及私人生活领域，容易被人们所忽视。事实上，多年以来，我们确实对这一领域关注得不够，过多地去进行制度建设、规范建设，忽视了习俗的力量，忽视了制度作用的发挥对人的依赖，忽视了当具有不同思维习惯和行为习惯的人面对体现截然不同价值观念和道德观念的制度时，习惯力量对于制度的可能冲击。当前，我们必须高度关注这一领域，借鉴中国古代社会道德生活构建的成功经验，加强对日常生活的伦理构建，使体现社会主义道德的社会习俗在日常生活中生根发芽，茁壮成长。

首先，加强日常生活中正确的道德舆论导向。舆论（public opinion），简单地说，就是公众的意见，它内在地包含着公众对事物的评价；道德舆论包含的则是公众对事物所进行的“善—恶”道德评价。作为公众意见的体现，道德舆论对于群体中的每一个个体都具有无法躲避、无法抵御的力量，它不仅对个体的心理产生强大的压力，并且由此对个体的行为具有强制和引导作用。当道德舆论足够强大时，它可以改变社会风气以及人们的行为习惯。人的道德观念、价值观念错误，道德舆论必然偏离正确的方向；反过来，错误的道德舆论又会强化不正确的道德观念和价值观念，从而引导不良社会习俗的形成。因此，有必要借助各种可能的手段，在日常生活中确立正确的道德舆论导向。

当代中国，民间教化者和舆论导向者缺位，社会生活的变化，以及科学技术的发展尤其是网络的普及及其向日常生活的深入渗透，使日常生活的道德舆论导向面临新的课题。对道德舆论的管控以对民间道德舆论的了解和疏导为基础，缺乏与民众的广泛深入接触难以了解民众的意见、态度，从而丧失正确引导道德舆论的最佳时机。一旦道德舆论形成，则只能疲于应对，陷于被动。古代社会，里正、乡官、家长（族长）行使民间教化和舆论导向的职能，他们本身就是日常生活中的权威，人们的生活范围又相对固定、有限，因此他们对于道德舆论的管控相对容易。然而，我们目前恰恰缺乏这样一套机制。政府相关部门掌管道德宣传、道德教育，但是往往流于形式，并未与民众的日常生活紧密结合，效果并不令人十分满意。对道德舆论的管控还依赖于道德舆论要有良好的发挥作用的平台——强大的舆论场。然而，一方面，现实的日常生活处于割裂状态，人与人之间彼此陌生，缺乏交流，甚至有时人们对于身边发生的事情都不知晓，因此难以形成较强的舆论“场”。另一方面，在现实的日常生活之外，网络生活日渐发达。与现实舆论弱化相对照的是网络舆论的强化。网络世界是一个开放的世界，在网络世界里，从国家大事到家庭琐事，无论是熟人还是陌生人，都“尽在眼帘”。网络世界也是信息快速传播的世界，在这里，任何事情都可以在瞬息之间传播至全国乃至全球。这恰恰为道德舆论的形成及发挥作用提供了条件，有利于形成广泛而强大的道德舆论。微博、QQ、微信等网络即时交流和传播平台的广泛应用也在引导舆论方面发挥着重要作用。一些人通过微博和微信传递体现爱心、公平、正义的事迹，抨击假恶丑。当现实生活中的任何小事件都可以被人们用手机、相机拍下来，传到网络上，引起人们的评论时，舆论就有了最大发挥作用的可能。相对于现实生活中的舆论，网络社会的舆论既有优势也有劣势。其优势在于，传播快、影响大、效率高。其劣势在于，网络舆论是多中心的，任何人都可以成为网络舆论的主导者；受多元文化以及不同价值观、道德观的影响，网络舆论观点不一，缺乏固定指向；网络具有虚拟性，有些人故意发表错误信息或者言论形成错误的舆论导向，误导大众，颠倒是非。由于上述原因，网络舆论不易控制，鱼龙混杂。既然媒体、网络都已经成为日常生活中舆论形成和传播的重要途径，我们就应当充分利用媒体、网络的力量，同时注意加强对媒体和网络的价值导向的引导，使之成为以社会主义核心价值体系引领社会习俗的重要工具和手段。

其次，及时发现日常生活中的善与恶，做到赏罚分明。好的思维习惯、行为习惯的养成需要来自外界的不断强化。如果善长期得不到肯定，恶长期得不到惩罚，扬善弃恶就无法得到很好地贯彻。西汉实行“举孝廉”，在客观上对于孝道之风的盛行起到了重要的推动作用。当然，我们不主张“任人唯德”，但是对好人好事的表彰以及对坏人坏事的惩罚却应当坚持。自 2002 年以来的“感动中国”年度人物评选，自 2007 年始的“道德模范”的评选，以及“见义勇为基金”的设立等，都是对社会生活中善的宣传和表彰。这在弘扬社会正气、引导人们积极向善方面发挥了积极的作用，其效果在现实生活中也已然有所显现。然而，对于不道德行为的惩罚力度还有待加强。从小处讲，对于在公共场所吸烟、随地吐痰、乱扔垃圾的行为要明确处罚主体和处罚标准；从大处讲，对于违反道德和法律的行为（如生活腐化、行贿受贿等）坚决予以处罚，不予任用。如果只有赏而没有罚，或者罚的力度很小，远远不及其违法所获之利，所谓的“赏”是无法有效实现引人向善、守善的目的的。换言之，虽然行善之人可以得福，然而如果行恶之人不仅没有遭殃，反而也在享福，甚至比行善之人更加享福，那么对行善之人奖赏就不足以构成推动人们持之以恒行善的强大动力。可见，对符合社会主义核心价值体系行为的“奖”一定要与对背离社会主义核心价值体系的“罚”相结合，这样才有可能收到以社会主义核心价值体系引领社会习俗的实效。

2. 重视仪式活动的设计与有效开展

仪式是“由传统习惯发展而来、为人们普遍接受的并按某种规定程序进行的行为方式”①。一般而言，仪式都建立在一定信仰系统的基础之上，仪式活动具有某种象征意义，它通过隐喻或转喻来陈述心灵体验（邓肯·米切尔）②，强

---

① 张紫晨：《中外民俗学词典》，杭州：浙江人民出版社，1991 年版，第 140 页。

② 陈国强：《简明文化人类学词典》，杭州：浙江人民出版社，1990 年版，第 135 页。

化心灵信仰。仪式也是一种符号系统，有静止的符号（如庙宇、教堂、雕像、画像及其他特殊的器物），也有运动的符号（主要是人在仪式中的行为动作）。符号的出现自然地让人置身于某种特殊的情境之中，帮助人们拾起对精神信仰的记忆。当沉溺于物质世界中的人走进肃穆的教堂，面对十字架，可以平复内心的躁动，唤起自身对纯洁、高尚的追求。当人们看到洁白的哈达，立刻会感受到圣洁、友谊和热情。进入仪式的物和活动于是被烙上了特定的文化信息，向人们传递着特定的意义和价值。蕴含着文化信息、意义和价值的仪式活动，于是具有这样一种功能，它将人们聚集起来，使人们"体验到他作为社会成员的身份并感受到维持团体团结性的集体意识"，"它给人们一种对扰乱和威胁事件的控制感，并给人们提供了表达感情的机会"①。我们甚至可以这样断言：仪式不断，符号系统不断，信仰系统也就长存。基督教产生于公元1世纪，佛教产生于公元前6世纪，至今已有2000余年的历史，却经久不息，不得不说归功于这套符号系统的完整保存。中国传统"儒教"虽然也历经2000年，但最终在"打倒孔家店"、拆除孔庙、破除"四旧"（旧思想、旧文化、旧风俗、旧习惯）等对其赖以维系的符号系统的破坏之中消失殆尽。正是因为仪式活动在维系一套信仰体系和价值体系中发挥着如此重要的作用，因此自古以来，仪式活动都受到人们的高度重视。中国古代社会中设有"吉、凶、军、宾、嘉"五礼，宗教社会也有礼拜、祷告等宗教仪式；通过仪式活动的举行，相应的伦理道德观念不断地在人们的日常生活中得到强化，在促进理想道德生活的构建方面发挥了重要作用。

然而，当代中国，承载精神信仰的仪式活动正在逐渐消失，现存的仪式大多具有功利的目的，如剪彩仪式、签订合同仪式，再有就是婚礼、葬礼等（有人甚至把举行婚礼当作聚敛钱财的手段）。相反，承载优良道德传统、传承先进道德文化的仪式活动却少之又少。学生们忙着学习考试，成人们忙着挣钱养家，即便是在日常生活中，人们也多把时间花在了娱乐之上（或者在家看电视，或者去夜店消遣）。物质消费充斥着人们的生活，精神追求成了奢侈品。为此，构

① 李鹏程：《当代西方文化研究新词典》，长春：吉林人民出版社，2003年版，第352－353页。

建当代中国的理想道德生活，应当借鉴古代社会以及宗教社会的经验，重视仪式活动的设计与有效开展。

首先，根据社会主义道德的要求和价值理念设计适宜的仪式活动。我国目前社会生活中最具有道德教育及道德感化作用的仪式活动非升旗仪式莫属，尤其是首都北京天安门广场的升旗仪式。在升旗仪式中，五星红旗在嘹亮的国歌声中，在庄严肃穆的仪仗兵的注视下冉冉升起，令人顿时心潮澎湃，爱国之情油然而生。那么，在其他的场合，我们是否也可以设计适宜的仪式活动，发挥道德教育的作用呢？例如，宣誓仪式，成长仪式，必要的礼仪，等等。其实，在这些仪式中，人们不仅是动作的表达，更是情感的表达、情感的体验。可以说，生活是进行道德教育的重要场所——这一点经常为人们所遗忘。不过，值得高兴的是，我国当前已经开始重视仪式活动的生活德育功能。扫墓祭拜祖先曾被当作封建迷信破除过，但是现在我们规定清明节为法定假日，提倡清明文明扫墓，应当说是对这种传统仪式活动的批判继承。

其次，切实有效地开展仪式活动，使之能够发挥应有的作用。目前我国社会生活中的仪式活动不可谓没有，然而多已失去了仪式应有的作用。仪式的教育意义淡化，其功利性却日渐浓厚。例如，婚礼的神圣意义被淡化，其聚敛钱财的功能更加受到重视；还有的仪式则是走过场，只有仪式的“表”，没有仪式所要传达的精神（“里”）。要做到表里如一，真正达到仪式活动的道德教育意义，仪式的举行必须要有严肃认真的态度——仪式的主持者和参与者都相信仪式所要传达的精神以及仪式本身的意义，能够全身心地投入，以他们虔诚的精神态度使仪式活动的每一个参与者都获得一种力量，获得一种感召。有些仪式是固定的，或者是周期性的，或者是条件具备就应当举行的；前者如成年礼、毕业典礼等，后者如宣誓仪式等。无论何种形式的仪式，都应当定期举行，持之以恒，不可想举行的时候举行，不想举行的时候就中止。否则，仪式的神圣性就会大打折扣。

总之，好的仪式活动如果能够得到好的开展，对于伦理道德与日常生活的连接大有助益，对于道德生活的构建也是益处良多。

（三）加强不同社会角色对健康生活秩序的引领作用

现实生活中具体的生活秩序是多维的、多向度的，不同向度生活秩序的存在容易导致社会秩序的混乱。加强对生活秩序的引导，使之朝着健康的方向发展，是任何社会都必须面对和解决的问题。不同的社会阶层、不同的社会角色由于社会影响力的不同，故而在引领生活秩序方面所发挥的作用也存在差异，因此，我们必须注意考察和发挥各社会角色在引领生活秩序方面的作用。

1. 充分发挥执政者在引领生活秩序方面的作用

执政者是制度的制定者，因此也应当是制度的坚定执行者。制度的制定者能否坚定地执行制度、遵守制度，直接决定着制度的可信性和有效性，而这必然在社会中激起涟漪，对国民的选择产生重大影响。同样，执政者的道德习惯也会产生示范效应，引起社会习俗的变化。东汉光武帝“躬行俭约，以化臣下；讲论经义，常至夜分”，在他的躬身表率之下，一些权贵形成了良好的士风家法，如功臣邓禹，“有子十三人，各使守一艺，闺门修整，可为世法”；再如贵戚樊重，“三世共财，子孙朝夕礼敬，常若公家”。以至顾炎武以为，论“风俗之美，无尚于东京者”①。曹魏时期，曹操占领冀州之后，即任用“负污辱之名，见笑之行，不仁不孝而有治国用兵之术者”，结果促成了当时人们重利轻义风俗的形成，以至于“少年不复以学问为本，专更以交游为业；国士不以孝悌清修为首，乃以趋势求利为先”②。晋正始以后，一些风流名士“蔑礼法而崇放达，视其主之颠危若路人然”。风流名士无父、无君的态度和行为举止为人们广为传诵，“竞相祖述”，“以至国亡于上，教沦于下”，“羌、戎互僭，君臣屡易”，“大义之不明遍于天下”③。北宋真宗、仁宗年间，范仲淹、欧阳修、唐介诸贤，在朝廷带头提倡“直言谠论”，而非阿谀奉承，“于是中外荐绅知以名节为高，廉耻相尚，尽去五季之陋”，乃至于“风俗醇厚，好尚端方”④。历史反复说明，执政者在引领生活秩序方面发挥着重要作用。

孔子就十分重视执政者的德行修养，他指出：“为政以德，譬若北辰，居其所而众星共之。”⑤ 事实上，古代君王中不乏重视为政者言行举止之人，他们意

---

① 《两汉风俗》，《日知录》卷十三。
② 以上皆出自《两汉风俗》，《日知录》卷十三。
③ 《正始》，《日知录》卷十三。
④ 《宋世风俗》，《日知录》卷十三。
⑤ 《论语·为政》。

识到了王室的言行在社会上所起到的示范效应。据史料记载，宋太祖开保五年，永庆公主嫁与右卫将军魏咸信。一日，公主穿着饰有翡翠鸟羽的短袄入宫，太祖看见后对公主说："从今以后再不要用它做装饰了。"公主笑道："此所用翠羽几何？"皇上的理由是：做主子的这样穿，宫闱、亲戚之人必然效仿；如此，京城翠羽价格走高，小民见此有利可图，必然辗转贩运，从而使得民生受损①。此说颇有道理。清代慈禧对碧玺格外倾心，每年都让造办处从美国进口大量的碧玺，供朝廷制作饰品和雕刻。慈禧死后，陪葬的物品中也有大量的碧玺。慈禧对碧玺的钟爱引领了当时的时尚，碧玺开始受到追捧，价格也一路走高。

无数的历史事实表明，执政阶层的喜好、习惯往往具有巨大的榜样力量，可以影响广大社会成员的喜好和习惯。构建理想道德生活，执政阶层应当做践行和维护理想生活秩序的表率。当前，在构建社会主义理想道德生活的过程中，执政者更是应当具有这样的道德自觉，自觉地发挥对于生活秩序的引领作用。作为制度的制定者和执行者，执政者应当严格遵守各项制度，秉公执法，不滥用职权，不以权谋私；作为社会主义道德的倡导者和宣传者，执政者应当具有"俯首甘为孺子牛"的"人民公仆"精神，全心全意为人民服务，不损人利己，不损公肥私；作为社会风尚、社会习俗的重要影响者，执政者应当洁身自好，明辨荣辱，匡扶正义，弘扬正气。倘能如此，执政者自然会受到人们的尊重、景仰和支持，他们的行为也自然会成为人们效仿的对象，成为塑造健康生活秩序的重要力量。当代中国，官场潜规则以及一些官员贪污腐败、腐化堕落、牟取私利行为的大量存在和不断曝光，使许多公众开始超越道德底线，适应并追求现实生活中"真实的游戏规则"。宋代罗从彦曾说："士人有廉耻，则天下有风俗。……士人不尚廉耻，而望风俗之美，其可得乎？"② 如此说来，正人须先正己；构建理想道德生活，还须从上层开始。

2. 充分发挥公众人物在引领生活秩序方面的作用

许多人的心中都有崇拜的"偶像"。以前人们的偶像多为革命家、英雄人

① ［宋］李焘：《续资治通鉴长编》第二册：卷十三，北京：中华书局，1979 年版，第 286 页。

② ［宋］罗从彦：《议论要语》，见《宋元学案》卷三十九。

物、哲学家、思想家，等等；现在，传统偶像的"粉丝"群在缩小，现代偶像的"粉丝"群却在扩张。现代偶像主要包括体育明星、影视歌明星、草根明星，也包括少数颇有成就的企业家。偶像之为偶像，当然是人们所崇拜的对象，是自己想要成为的那种人。对于崇拜的偶像，人们大多乐意模仿、追随。偶像的穿着打扮、发型、说话的腔调、行为举止、为人处世的态度等无不成为人们效仿的对象。

与那些高高在上、可望而不可即的传统偶像相比，现代偶像呈现出平民化的特点，他们借助各种现代媒体的宣传与传播，经常出现于大众的视野之中，甚至经常性地与"粉丝"进行互动交流，因此对于现代偶像，我们又用另外一个词汇来指称，"公众人物"。公众人物虽然不像执政者一样掌握国家强制力，但是他们对大众产生的影响力和号召力却并非不强。公众人物有庞大的"粉丝"群，他们通过微博向"粉丝"宣告自己的心情、生活、行程，一旦出现于公共场合，便会看到翘首以盼的"粉丝"，听到"粉丝"的惊声尖叫，收到"粉丝"送的礼物；当公众人物遭遇某种"事件"，"粉丝"则极力给以支持和安慰；当公众人物在某处做活动，"粉丝"们不远千里、节衣缩食也要前去捧场。曾经被新闻媒体广为报道的杨丽娟疯狂追星 13 年的事件，应当可以从一个侧面反映出公众人物对于粉丝的影响力。

公众人物的影响力和号召力的形成源自"粉丝"对他们的自觉关注和追捧。尤其是那些由大众自己"造"出来的公众人物，如湖南卫视的"快乐女声"，其影响力更是来自于人们对之"由衷"地追捧。对于这样一些在大众中极具影响力和号召力的公众人物而言，他们应当认识到自身担负的责任，应当自觉地发挥自身在引领生活秩序方面的积极作用。

首先，公众人物应当带头遵守法律制度，成为遵纪守法的好公民。公众人物不仅为人们所瞩目，而且通常拥有一定的社会地位和物质财富。崇拜他们的人也大多向往和追求他们的生活方式，并且渴望获得他们那样的成功。如果公众人物的成功是通过违法乱纪的方式获得的，这对于他们的"追随者"无异于一盆冷水；如果公众人物的成功普遍的是通过违法乱纪或者"潜规则"获得的，这必然会给"追随者"们传递这样的信息：违法乱纪同样可以为万人瞩目，同样可以取得成功。所以，公众人物应当培养起责任意识，带头成为遵纪守法的好公民。

其次，公众人物应当充分利用自身的影响力和号召力，引导人们积极向善。公众人物在民众中具有极大的影响力和号召力。“超女”李宇春的成功就引发了一批又一批的年轻女孩儿争相参加各种选秀活动，自此以后也有越来越多的女孩儿走起了中性路线。在当今的娱乐圈中，“玉米”们热情仍然不减当年。其实不只是李宇春，一些公众人物（尤其是娱乐圈中的公众人物）无论走到哪里，都有数不清的“粉丝”为之呐喊、为之欢呼。其影响力、号召力可见一斑。公众人物应当认识到并学会利用自身的影响力，引导人们积极向善。濮存昕多年以来从事防治艾滋病的宣传公益事业；成龙也是积极从事慈善活动。灾害来袭时，许多公众人物忙于义演，为灾区募捐，其行为对于民众是一种莫大的鼓舞。

再次，公众人物应当注意自己的言行举止，在公众中树立健康的形象。公众人物不仅应当注意保持在公众面前的良好形象，而且也应当注意其日常的言行举止。因为其日常生活往往是狗仔队跟踪和捕捉的目标。日常生活不检点、不文明，一旦经媒体曝光，损害的不仅是其自身的形象，而且在公众中也会造成不良的影响。“艳照门”事件发生后，在其“粉丝”中所造成的冲击是不言而喻的。

综上所述，公众人物在展现自身光鲜亮丽一面的同时，应当明确自身对于公众、对于社会所应当承担的责任和义务，明确自身行为的示范效用所可能带来的社会影响，自觉地遵守各项制度，自觉地践行道德，在引领健康的生活秩序方面发挥自己应尽的义务。

3. 充分发挥媒体在引领生活秩序方面的作用

现代媒体（如网络、电视）与电子技术的紧密相联使之与传统的纸质媒体有别。首先，现代传媒具有传播快、覆盖面广、响力强的特点。而且，现代传媒还在不断发掘一切可以利用的媒介，如手机。手机与网络的的连接使得网络媒体与人如影随形，随时随地对人们产生影响。其次，现代传媒较传统传媒更加形象、生动，它甚至改变了人的单纯受众地位，使人可以主动地成为现代传媒的参与者和互动者。正是由于现代传媒的如上特点，使得现代媒体极受人们的追捧，甚至成为人们生活中不可或缺的一分子，离开了电视、电脑，人们就会束手无策，不知如何打发时间。

当代人的生活为各种电子媒体所充斥。然而，媒体不是单纯的娱乐工具、消遣工具，媒体是传播信息的媒介。媒体所传播的信息有真善美，也有假恶丑；它不是单纯的“事实”领地，而且是一块“价值”领地，通过信息的传播，向人们传递一定的价值观念和道德观念，人们在不知不觉之中受其影响。发生于美国科罗拉多州多佛市的电影院枪击事件让我们不禁反思，媒体中所充斥的“暴力文化”究竟带给了我们什么？美国好莱坞制作的动作片往往是暴力文化的宣传者，深受我国消费者喜爱，其制作的“大片”往往能够在我国取得高票房收入。此外电视节目、网络游戏、网络视频中也充斥大量暴力文化。“据《国际先驱论坛报》报道，一个美国青少年 18 岁之前在各种传媒上能看到 4 万起谋杀和 20 万起其他暴力行为。”① 我国青少年在各种媒体上所能接触到的暴力文化显然也不少。这种暴力文化使许多青少年耳濡目染，成为“以暴制暴”的实际践行者。在他们的心中，没有法律，没有约束，唯有暴力。这种价值观的形成是对法律、制度的无视和对抗，给生活秩序造成了破坏。目前的各种媒体中不仅充斥着大量的暴力文化，而且还存在有大量不健康的人生观、价值观，如拜金主义、享乐主义等，这些不健康的价值观也在无形之中潜入人们的头脑，支配着人们的行动。

为此，媒体在及时向大众传播各种信息的同时，应当时刻注意保持正确的价值导向，对大众进行积极、正面的引导。首先，坚持以社会主义核心价值体系作为传播信息的主要价值依据，将真善美传递给大众。当前，青少年对世界、对社会、对人的认识相当大的一部分是通过各种媒体获得的。媒体对周围世界的介绍和反映，会在很大程度上影响青少年对周围世界的印象。因此，媒体应当尽可能全面、客观地将真实的世界展现在人们的眼前，其中不仅有假恶丑，也有真善美；不仅有对正义的违反，也有对正义的坚守和维护。其次，坚持正确的舆论导向，明辨是非美丑善恶，引导大众树立正确的价值观。媒体在全面、客观地将周围世界展现在大众面前时，还应当注意对大众进行正确的价值引导：对假恶丑进行批判和揭露，对真善美进行弘扬。以此告诉大众应当做什么，不应当做什么；应当

① 数据见：《美国枪击案：“暴力文化”的苦果》，2012 年 7 月 23 日，来源：《解放日报》。网址：http：//news. xinhuanet. com/world/2012 - 07/23/c_ 123452465. htm

以什么为荣，应当以什么为耻；应当追求什么，应当遏制什么。

如果具有较大影响力的社会群体和组织能够自觉承担起在维系良好生活秩序、构建理想道德生活中的责任，这对于当代中国道德生活的改善必定产生相当重大的推动作用。

结 语

道德生活的基本形式表现为道德思考和道德习惯。道德思考包含对理想道德生活的观念设计，道德习惯则是人们普遍的具有习惯性的道德行为，是现实道德生活的真实呈现。道德思考具有前瞻性、批判性，道德习惯具有保守性、惯性。通常，现实道德生活总是与理想道德生活存在差距，这恰恰是道德生活不断走向完善的动力所在。在这种动力之下，人们必然自觉地思考促进道德生活不断走向完善的现实路径，变革维系现实道德生活的生活秩序就是必由之路。

研究发现，道德思考的结果越是能够向维系生活秩序的制度和习俗渗透、转化，现实道德生活就越是与理想道德生活一致；反之，现实道德生活与理想道德生活的差距就越大。因此，我们必须正视现实道德生活中存在的问题，积极探索社会主义道德向生活秩序渗透和转化的现实路径，努力营造优良的道德生活氛围，使每个人都能沐浴道德的春风，感受生活的美好。

虽然理想道德生活的构建依赖于多种因素共同发挥作用，但是道德解决的是生活问题，道德也必须在生活中得以实现。在生活中，相对于其他方式（正式制度、德行）而言，风俗是人们最稳定而自然地实践道德的一种方式：道德蕴含于风俗之中，成为一种非正式制度，而人们又遵照这一非正式制度日复一日地生活。因此归根结底，理想的道德生活必然表现为良好道德习惯和社会习俗的形成。从这一意义上而言，我们必须重视社会习俗在道德建设中的重要作用，充分利用社会习俗贴近人们生活、自觉强制性的特点，有效地将包含于社会习俗中的道德渗入人们的生活之中，使之成为实现道德与日常生活相融合的最为稳定而牢固的方式之一，同时也使之成为人们养成良好道德习惯的催化剂。

改变人们的不良道德习惯，形成良好社会习俗，使之与社会主义道德的要求相契合，不是一朝一夕之功所能实现，它需要我们持之以恒地开展自上而下和自下而上相结合的运动。

所谓自上而下的运动，是指政府、领导干部必须有所作为，自觉遵守法律制度，严格按照法律办事，做践行社会主义核心价值观的表率，引领优良社会风尚。应当看到，当前我国各项制度正趋于完善，对人们德行的呼唤也日渐强烈。然而道德建设却仍然面临许多问题，其重要原因之一就是，上层社会尤其是为政者阶层尚存某些不良习俗，诸如不讲诚信、权钱交易，甚至在官场以及其他领域中“潜规则”大量存在，这些不良习气凭借其特殊的身份、地位及影响力对整个社会习俗起到了巨大的引领作用，极大地影响了民众的道德心理，从而导致我国当前道德建设中的许多问题难以及时解决。所以，整顿风俗，建设道德淳美的社会，必自整顿吏风始。目前我国已在完善制度、加大执行力度、改善领导干部作风、引导社会习俗等方面屡有新举措。针对当前部分党员干部存在的“理想信念动摇，宗旨意识淡薄，精神懈怠；贪图名利，弄虚作假，不务实效；脱离群众，脱离实际，不负责任；铺张浪费，奢靡享乐，甚至以权谋私、腐化堕落”等问题，我党自十八大以来采取了系列措施。2012 年 12 月 4 日，中共中央政治局召开会议，审议通过了关于改进工作作风、密切联系群众的八项规定。其主要内容包括“八项规定”和“六项禁令”，明确规定了党员干部的工作作风，并针对普遍存在的不良风俗、习惯性做法给以明确的禁止性规定。2013 年 1 月 22 日，习近平同志在中国共产党第十八届中央纪律检查委员会第二次全体会议上发表重要讲话，指出，坚定不移惩治腐败，是我们党有力量的表现，也是全党同志和广大群众的共同愿望。从严治党，就要坚持“老虎”“苍蝇”一起打，不管涉及谁，都要一查到底，决不姑息。2013 年 4 月 19 日，中央政治局召开会议，决定用一年左右的时间，在党内开展以去除形式主义、官僚主义、享乐主义和奢靡之风（“反四风”）为主要内容的群众路线教育实践活动。2016 年 2 月，中共中央办公厅印发了《关于在全体党员中开展“学党章党规、学系列讲话，做合格党员”学习教育方案》。“两学一做”学习教育活动将党内教育从“关键少数”拓展到了“广大党员”，将集中性教育延伸到了经常性教育。从国家治理、社会治理的全局视角，党的十八届四中全会通过了

《中共中央关于全面推进依法治国若干重大问题的决定》，提出了建设中国特色社会主义法治体系、建设社会主义法治国家的总目标，对党的治理水平、治理能力提出了更高的要求。2016 年 10 月，党的十八届六中全会通过了《关于新形势下党内政治生活的若干准则》，对党员的思想行为进行了全面而严格的规范。2017 年 10 月党的十九大报告中再次强调要“全面从严治党”。随后，十九届中共中央政治局召开会议，审议《中共中央政治局贯彻落实中央八项规定的实施细则》对调查研究、会议活动和文件简报、出访活动、新闻工作等工作做了具体而严格的规定。

通过以上措施，我们看到：公款消费之风被刹住，奢靡浪费之风得到遏制，官僚习气得到缓解……领导干部工作作风正在明显改善。事实说明，规则决定习惯，好的规则有效实施、贯彻落实可以使人们在强大的外力强制之下逐渐形成良好的道德习惯，从而改善生活秩序，促进理想道德生活的生成。

所谓自下而上的运动，是指每一个社会成员都要自觉承担起改造社会习俗的责任和义务，自觉践行社会主义道德，按照社会主义核心价值观的要求，养成良好的道德习惯，保持良好的民风民俗，以此推动整个社会优良道德风尚的树立。习俗存在于人们的日常生活之中，与人们的日常生活紧密相连，有着扎实的生活根基。基层的习俗是否淳美，关乎整个社会的道德状况。基层习俗的向上运动，通常是通过基层群众对领导干部以及其他社会成员的监督与品评实现的。顾炎武所提倡的清议，就是以各个阶层对人物的品评作为上层机构选拔和任免官员的标准，充分调动人们的积极性。在封建社会中，百姓对统治阶级进行监督与品评的机制匮乏，百姓难以对上层社会产生实质性的影响。当前，一方面，人民群众当家作主，成为国家的主人，公民权利得到确认、尊重和保障，对国家机关及其工作人员的工作进行监督，是每一个公民平等享有的权利。另一方面，网络的普及及发展，使人民群众行使监督权、批评权、检举权有了更便利、更快捷、更公开的途径，也使公众舆论有了更为广泛的影响力。一些官员、公众人物因为网络而“东窗事发”，难以立足，这对拥有一定权力和地位的群体不得不说是戴上了“紧箍咒”，使他们不得不时刻注意自己的言行举止。人民群众自下而上地改造社会习俗由此具有了更大的现实可能。此外，加强对日常生活中的价值引领对于改善社会风气有直接影响。家庭是日常生活的重要领地，家庭道德建设是日常生活伦理构建的重要内容，是道德习惯（道德思维习惯、道德行为习惯）养成的重要场所。习近平同志强调要“把家风建设摆在重要位置”，并且指出，“千千万万个家庭的家风好，子女教育得好，社会风气好才有基础”①；“家风好，就能家道兴盛、和顺美满；家风差，难免殃及子孙、贻害社会”②。重视家风、家教，重视日常生活中道德习惯的养成，是良好的社会习俗形成的基石，也是正确的社会舆论得以形成的保障。

以上两个方向的运动相辅相成，相互联系，相互促进。领导干部的作风好了，自然会在社会上产生示范效应，带动整个社会风气的向好发展；基层的社会风气好了，自然会对领导干部以及其他公众人物产生压力，并敦促其保持优良的作风。这是一种良性的互动。当然，二者之间也可以是恶性的互动，其结果是整个社会风气的堕落，这恰恰是我们要极力避免的。当前，我国在加强社会主义道德建设的进程中，正在克服一切困难努力实现二者之间的良性互动，通过塑造良好的生活秩序，培养良好的道德习惯，使我们对于理想道德生活的思考转化为现实的道德生活。

---

① 2013 年 10 月 31 日习近平在同全国妇联新一届领导班子成员谈话时的讲话。

② 2016 年 12 月 12 日习近平在第一届全国文明家庭表彰大会上的讲话。

参考文献

1. ［德］胡塞尔．胡塞尔选集（上、下）［C］．倪梁康，选编．上海：上海三联书店，1997.

2. ［法］鲁尔·瓦纳格姆．日常生活的革命［M］．张新木，等译．南京：南京大学出版社，2008.

3. ［英］本·海默尔．日常生活与文化理论导论［M］．王志宏，译．北京：商务印书馆，2008.

4. ［美］迈克尔·施瓦布．生活的暗面［M］．汪丽华，译．北京：北京大学出版社，2008.

5. ［匈］阿格妮丝·赫勒．日常生活［M］．衣俊卿，译．重庆：重庆出版社，2010.

6. ［英］斯蒂芬·亨特（Stephen Hunt）．宗教与日常生活［M］．王晓修，林宏，译．北京：中央编译出版社，2010.

7. ［英］戴维·英格利斯（David Inglis）．文化与日常生活［M］．张秋月，周雷亚，译．北京：中央编译出版社，2010.

8. ［法］爱弥尔·涂尔干．宗教生活的基本形式［M］．渠东，汲喆，译．上海：上海人民出版社，2006.

9. ［美］大卫·艾尔金斯．超越宗教：在传统宗教之外构建个人精神生活［M］．顾肃，杨晓明，王文娟，译．上海：上海人民出版社，2007.

10. ［德］西美尔．现代人与宗教［M］　曹卫东，等，译．北京：中国人民大学出版社，2005.

11. [德] 哈贝马斯. 交往行动理论：第一卷 [M]. 洪佩郁，蔺青，译. 重庆：重庆出版社，1994.

12. [德] 哈贝马斯. 交往行动理论：第二卷 [M]. 洪佩郁，蔺青，译. 重庆：重庆出版社，1994.

13. [美] 弗朗西斯·福山. 信任：社会美德与创造经济繁荣 [M]. 彭志华，译. 海口：海南出版社，2001.

14. [德] 马克斯·韦伯. 社会学的基本概念 [M]. 胡景北，译. 上海：上海人民出版社，2000.

15. 杨楹，等. 马克思生活哲学引论 [M]. 北京：人民出版社，2008.

16. 衣俊卿. 现代化与日常生活批判 [M]. 北京：人民出版社，2005.

17. 张贞. "日常生活"与中国大众文化研究 [M]. 武汉：华中师范大学出版社，2008.

18. 王国有. 日常思维与非日常思维 [M]. 北京：人民出版社，2005.

19. 王晓东. 日常交往与非日常交往 [M]. 北京：人民出版社，2005.

20. 李小娟. 走向中国的日常生活批判 [M]. 北京：人民出版社，2005.

21. 李文阁. 回归现实生活世界 [M]. 北京：中国社会科学出版社，2002.

22. 杨善华. 城乡日常生活：一种社会学分析 [M]. 北京：社会科学文献出版社，2008.

23. 刘怀玉. 现代性的平庸与神奇：列斐伏尔日常生活批判哲学的文本学解读 [M]. 北京：中央编译出版社，2006.

24. 赵司空. 中介与日常生活批判——卢卡奇文化哲学研究 [M]. 上海：上海社会科学院出版社，2010.

25. 杨志刚. 中国礼仪制度研究 [M]. 上海：华东师范大学出版社，2001.

26. 洪晓楠. 哲学的文化转向 [M]. 北京：人民出版社，2009.

27. 董平. 王阳明的生活世界 [M]. 北京：中国人民大学出版社，2009.

28. 唐凯麟. 中华民族道德生活史研究 [M]. 北京：金城出版社，2008.

29. 高兆明. 道德生活论 [M]. 南京：河海大学出版社，1993.

30. 姚新中. 道德活动论 [M]. 北京：中国人民大学出版社，1990.

31. 张之沧. 西方马克思主义伦理思想研究 [M]. 南京：南京师范大学出

版社，2009.

32. 翟学伟．人情、面子与权力的再生产［M］．北京：北京大学出版社，2005.

33. 翟学伟．中国人的关系原理：时空秩序、生活欲念及其流变［M］．北京：北京大学出版社，2011.

34. 翟学伟．中国人的脸面观：形式主义的心理动因与社会表征［M］．北京：北京大学出版社，2011.

35. 杨志华．元伦理学的终结——黑尔伦理学思想研究［M］．北京：中央编译出版社，2009.

36. 冯尔康．古人社会生活琐谈［M］．湖南：湖南出版社，1991.

37. 刘丰．先秦礼学思想与社会的整合［M］．北京：中国人民大学出版社，2003.

38. 干春松．制度化儒家及其解体［M］．北京：中国人民大学出版社，2003.

39. 王飞，马雁．道德、习俗与规范的文化表达——纳西族社会的法律变迁研究［M］．昆明：云南大学出版社，2009.

40. 宋镇豪．夏商社会生活史（上、下）［M］．北京：中国社会科学出版社，1994.

41. 陈宝良．明代社会生活史［M］．北京：中国社会科学出版社，2004.

42. 朱熙瑞，刘复生，等．宋辽西夏金社会生活史［M］．北京：中国社会科学出版社，1998.

43. 李斌城，李锦绣，等．隋唐五代社会生活史［M］．北京：中国社会科学出版社，1998.

44. 林语堂．中国人（全译本）［M］．上海：学林出版社，1994.

45. 庄华峰等．中国社会生活史［M］．合肥：合肥工业大学出版社，2003.

46. 李友梅等．中国社会生活的变迁［M］．北京：中国大百科全书出版社，2008.

47. 杨明．宗教与伦理［M］．南京：译林出版社，2010.

48. 吕大吉．宗教学通论新编（上、下）［M］．北京：中国社会科学出版社，1998.

49. 荆学民．当代中国社会信仰论［M］．北京：人民出版社，2008.

50. 吴思．潜规则：中国历史中的真实游戏［M］．上海：复旦大学出版社，2011.

51. 吴思．血酬定律：中国历史中的生存游戏［M］．北京：语文出版社，2009.

52. 孙立平．守卫底线：转型社会生活的基础秩序［M］．北京：社会科学文献出版社，2007.

53. 陈南国．历史潜规则［M］．北京：中央编译出版社，2011.

54. 檀传宝．信仰教育与道德教育［M］．北京：教育科学出版社，1999.

55. 李文阁．生活哲学：一种哲学观［J］．现代哲学，2002，（3）：7－16.

56. 李文阁．生活哲学：21 世纪的哲学观［J］．天津社会科学，2003，（2）：30－34.

57. 李文阁．生活哲学的复兴［J］．哲学研究，2008，（10）：85－91.

58. 马拥军．生活哲学的对象和方法［J］．哲学研究，2004，（5）：25－29.

59. 高清海，孙利天．论 20 世纪西方哲学变革的主题与当代中国哲学的走向——转向现实生活世界的哲学变革［J］．江海学刊，1994，（1）：97－104.

60. 衣俊卿．理性向生活世界的回归——20 世纪哲学的一个重要转向［J］．中国社会科学，1994，（2）：115－127.

61. 贺来．现实生活世界之遗忘——对传统哲学的理论批判［J］．求是学刊，1997，（5）：3－9.

62. 尹树广．人的问题与生活世界理论［J］．求是学刊，1997，（3）：3－7.

63. 刘少杰．走向生活世界——后现代主义哲学的总体趋向［J］．天津社会科学，1996，（2）：35－39.

64. 何志魁．面向生活世界的现代哲学观［J］．青海社会科学，2005，（2）：76－79.

65. 万勇华．哈贝马斯“生活世界”理论述评［J］．兰州学刊，2006，（3）：29－30，122.

66. 王晓升．生活世界——社会历史研究中的价值维度［J］．福建论坛·

人文社会科学版，2003，(5)：37－43.

67. 叶德明．论马克思哲学事业中的生活世界及其意义［J］．学术论坛，2009，(3)：13－16，

68. 杨楹．论马克思哲学中“生活”之意蕴［J］．渝西学院学报（社会科学版），2003，(3)：5－10.

69. 王海洋．生活世界的哲学在路上［J］．清华大学学报（哲学社会科学版），2005，(6)：20－23.

70. 田海平．道德哲学的伦理思维进路［J］．哲学研究，2005，(11)：73－76.

71. 李鸿．从现实生活的视角理解马克思的历史观［J］．长白学刊，2003，(3)：46－49.

72. 高兆明．论习惯［J］．哲学研究，2011，(5)：66—76.

73. 孙春晨．面向生活世界的伦理人类学［J］．哲学研究，2011，(10)：94—101.

74. ［英］M·奥克肖特．巴比塔——论人类道德生活的形式［J］．张铭，译．世界哲学，2003，(4)：105—112.

75. 王泽应．论道德与生活的关系及道德主活的本质特征［J］．伦理学研究，2007，(6)：18—23，37.

76. 于树贵．道德生活界说［J］．道德与文明，2006，(4)：45—48.

77. 高恒天．试论“道德生活”的特点与类型［J］．学术论坛，2006，(5)：5—8，38.

78. 马斗成．齐国风俗与社会秩序探析［J］．学术研究，2005.

79. 吴海燕，范志军．两汉“风俗使”演变及职能初探［J］．河南师范大学学报（哲学社会科学版），2002，(3)：19－21.

80. 杨永德．风俗习惯与社会主义精神文明［J］．中国青年政治学院学报，1987，(1)：28—30.

81. 刘锡钧．风俗文化与道德建设［J］．天津师大学报，1997，(2)：7—10.

82. 严先元．风俗习惯的变革与精神文明建设［J］．道德与文明，1986，(3)：13—15，16.

后　记

从攻读伦理学硕士算起，接触伦理学、研究伦理学已有20多个年头。最初出于对生活秩序的感触并希望在伦理学中找寻答案，由此进入伦理学的大门。然而随着阅历的丰富，对于生活的感触不减反增，对于生活的困惑更是与日俱增。道德生活应当怎样？理想的道德如何渗透于现实的生活之中？对于这些问题的思考和探索，促使我开始关注从生活秩序的角度探求道德生活的构建。本人接触伦理学的20年恰逢中国社会发生重大变革时期，道德观念频发冲突碰撞，生活秩序面临重组，道德生活亟待重构；社会生活的巨大变迁为伦理学研究提供了丰富的素材。这也进一步激发了本人研究这一课题的兴趣。

2009年，本人主持研究国家社科基金青年项目“生活秩序与道德生活之构建”，就是基于这一兴趣所进行的研究。之后，围绕课题撰写了系列论文并先后发表。虽然本人的相关观点都已在论文中得以表达，但仍希望能够将这一时期的研究心得做集中表述，遂有写作此书的想法。

本书基本上是在课题研究成果的基础上编撰而成，原本应该更早出版，然而总是被一些琐事打断，加之自己也刻意放松，以致延误至今。不过本书的研究对象和研究内容至今仍然是我们在社会主义道德建设过程中所面临的重要课题，现在出版亦为时不晚。由于本书的基本宗旨在于从整体上揭示生活秩序（制度、习俗）在构建理想道德生活的重要作用，进而说明整肃生活秩序是促使理想道德生活转化为现实道德生活的重要途径，于具体制度、习俗及其作用的机制较少涉及，在此方面可做进一步研究。

本书获得长沙理工大学学术著作出版资助以及长沙理工大学马克思主义学院学术著作出版资助。对于学校以及学院给予的支持和帮助，在此表示衷心的感谢。

湖南·长沙

2016 年 12 月 27 日